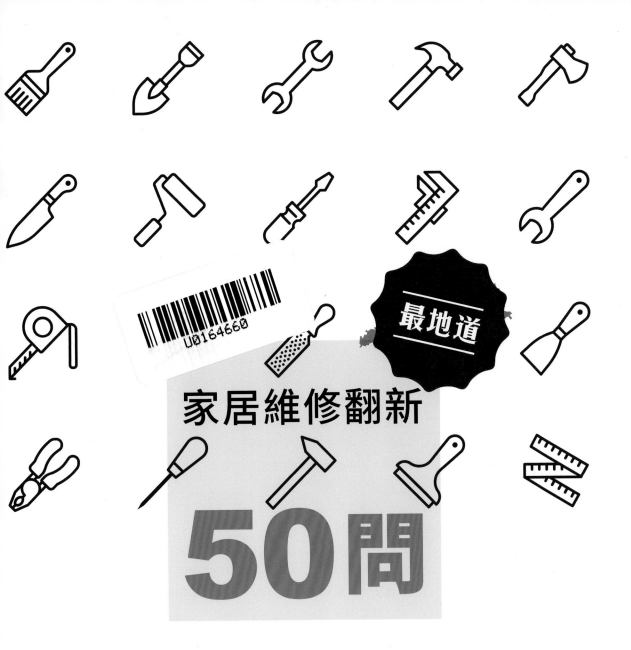

最地道

家居維修翻新

50問

「唔識就畀錢人換啦，識就好簡單！」

目　錄

第一章
緊急維修篇

第二章
改善家居維修篇

第三章
增添家居設備篇

第四章
美化家居篇

第一章

緊急維修篇

「急 call 師傅又貴又要等，
我想自己處理！」

⚙ 第一部份：水患

打風窗邊不斷滲水，
怎樣可以即時打救？ →

橫風橫雨，鋁窗、冷氣機等不斷入水，點急救？

以 DIY 方式防治漏水的板斧不多，不外乎是防水膠和玻璃膠／暴風膠，前者用於製造防水膜，後者用於填補接駁邊，堵塞水源。如果問題持續出現，應尋找專業師傅協助；但如果只是十號風球才出現窗框罅位滲水的話，則未必需要處理。

物 料
擂 台

防水膠	VS	玻璃膠／暴風膠

↓

↓

用於

塗於外牆表面

作用

覆蓋看不見的細微裂縫，堵截水源於外圍

用於

用於邊位

作用

填充接駁位的空隙，抵擋水源滲入。玻璃膠必須在乾涸表面使用待乾（而類似產品暴風膠則可在濕水表面使用，並立即堵截水源）

詳細資料

詳細資料

→解決窗台滲水

準備工具：防水膠、油轆／油掃

小心選擇防水膠的顏色，白色清晰可見，
透明不影響外觀，各有好壞。

無需稀釋，以油轆或油掃，在外圍窗邊
塗抹防水膠，大包圍式堵截漏水。

裝修佬提提你

防水膠適用於外牆或「引致滲漏的表面」，而不應在「受
滲水影響的表面」（例如樓上滲水時，樓下的天花）塗防水膠，否則
會將水封鎖在牆內，令受災空間向四方擴展。

→解決冷氣機邊或窗框與石屎間滲水

 準備工具：玻璃膠／暴風膠

1 在裡外乾燥的情況下，使用玻璃膠 →
堵塞漏水位置。

2 在潮濕環境下，則以暴風膠直接唧
在漏水位置。

→ 解決窗與窗框之間的滲漏

 準備工具：垃圾膠袋

→

遇到窗與窗框之間的滲漏，可以攝入垃圾袋之類的東西堵塞縫隙應急，事後則建議找師傅協助更換膠邊。

問問裝修佬：

1. 防水膠是甚麼？如何買？

答：市面上有很多不同物料都以同一名稱命名。以上提及的防水膠性質參考多樂士品牌的產品，可以在五金舖或裝修 MALL 購買。

2. 多樂士防水膠的壽命可維持多長？

答：一般 3 年左右建議翻新一次。以 $90* 一罐的參考價錢計算，十年的總支出也不需 $500，十分便宜。

(*2020 年價格)

3. 多樂士防水膠可以用於浴室企缸嗎？

答：雖然它非常耐候，可承受日曬雨淋，並用於天台，但廠方並不建議用於地台。

這是因為天台不會因浸水而令地台承受大水壓、天台不會被熱水燙、天台沒有滑腳的肥皂水。用家可參考以上原因再行判斷。

4. 在窗台外牆髹防水膠有甚麼技巧？

答：可以用鏡反射檢查牆身是否有孔洞，如有，應重點修補，再髹防水膠。

專業指導：

鴻盛裝修工程公司項目總監 Ken Li

延伸知識：

玻璃膠使用方法

安東尼新手上路—如何使用玻璃膠槍唧膠

如何把玻璃膠唧得完美？

安東尼新手上路—玻璃膠唧得好核突可以點算好呀？

防水膠施工方法

裝修佬呈獻—多樂士 DIY 防水三寶

問題 2

緊急指數：⏱️ ⏱️

困難指數：🔧 🔧

水龍頭邊一開水就
不斷滲出水，怎麼辦？ →

　　水龍頭一般分為廚廁龍頭以及浴室排掣。它連接來水系統，如果漏水不理會，可能越漏越多，一覺醒來水浸就弊啦！水龍頭漏水可以分為不同情況：

廚廁龍頭問題

	情況	處理方式
1	龍頭邊漏水	更換龍頭芯
2	龍頭底漏水	更換龍頭芯
3	網喉漏水	更換網喉
4	龍頭損壞	更換整個龍頭

浴室排掣問題

	情況	處理方式
5	龍頭邊漏水	更換龍頭芯
6	接駁位漏水	更換士黏膠布／整個排掣

　　水龍頭更換容易，而出水講求衛生，一旦水龍頭損壞，與其使用黏合物維修水龍頭，不如直接更換，以免釋出污染物，影響健康。

→水龍頭配件解構

情況 1、2、5 之解決方法：
更換龍頭芯

準備工具：六角匙、士巴拿

龍頭芯

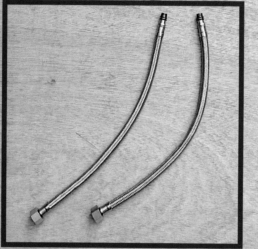

網喉

關水掣，再開水龍頭，以釋放喉管壓力

用尖物挑開飾面蓋

用六角匙鬆出螺絲

打開龍頭、扭開圓形飾面蓋

將迫件扭鬆拆下

清洗龍頭芯

清洗後裝回龍頭芯

若仍無法解決，則拿龍頭芯去五金舖或水喉潔具店配，進行更換並試水

情況 3、情況 4 解決方法：更換龍頭或網喉

🔧 準備工具：拎通（又叫套管）、紙巾、士巴拿

於洗手盆底用套管扭開枱底螺絲帽

如套管尺寸不合，則更換其他大小的套管（一般使用大碼 10-11 號或中碼 8-9 號）

抹乾漏水，再透過覆蓋乾紙巾方式，鋪在水路上，觀察水源，再按漏水位置，判斷應更換網喉還是龍頭

上水掣，開水喉以釋放水壓

扭開網喉（小心喉內餘水湧出）

更換網喉或龍頭，重新安裝並試水

情況 6 解決方法：更換士艃膠布／整個排掣

　　浴缸龍頭又叫排掣，若要更換排掣的話，孔洞圓心之間的標準尺寸為六吋，是全球通用的，所以網購任何一款排掣都是適合安裝的。

🔧 準備工具：毛巾、士巴拿／水喉鉗、士黏膠布

關水掣、釋放水喉壓力

以毛巾包裹螺絲帽，利用士巴拿或水喉鉗逆時針扭開六角形的部件

左右每邊扭一圈，避免損害啞位

鬆動後，可用手平均地鬆出排掣

更換／纏上士黏膠布 *

以相反方向包毛巾重裝排掣，再開大水掣進行試水，觀察有沒有漏水

* 更換／纏上士黏膠布詳細說明：

1. 凡金屬啞位有舊士黏膠布，先清理乾淨
2. 以順時針方向纏上士黏膠布約 30 圈
3. 扭上螺絲帽

問問裝修佬：

1. 士黏膠布有闊有窄，應該如何買？

答：標準闊度是 12mm。最重要是買質量好、彈性高的，防漏能力會較高。

2. 纏士黏膠布有技巧嗎？

答：記得方向要正確、不能起摺、要輕微拉緊。

3. 甚麼時候使用士黏膠布？

答：凡金屬喉啞接駁位滲水便可使用，纏繞圈數大約 20 圈左右。

4. 纏士黏膠布，何謂方向正確？

答：喉啞向上，順時針纏。這樣做的話，當你扭入螺絲啞時，會將士黏膠布收緊而不是拉鬆，那便是正確的方向。

5. 龍頭芯大約多少錢？哪兒可買到？

答：數十至數百元都有，在五金店或專賣水喉潔具的店都可買到。

6. 套管有長有短嗎？

答：有的。但不是越長／越短越好。要視乎空間限制選擇合適長度的拎通。

7. 平貴的龍頭／排掣有分別嗎？

答：的確，排掣和龍頭的價格差異甚大，它受品牌、產地、用料等影響。這一方面關係到潔具內部的衛生，是表面看不見的；另一方面就是設計。潔具名牌例如 Grohe 或 INAX，無論在細節的處理還是結構的複雜性上都相當超前，值得了解再選購。

專業指導：

一級水喉匠李俊輝先生

延伸知識：

如何令龍頭更耐用？

水喉見習生—保養及維修水龍頭

水管衛生你要知！

裝修學院專訪：水管衛生知多啲

龍頭排掣產品導賞

浴室龍頭排掣是家裡重要的水來源，也非常影響浴室觀感，與其隨便去雜貨店或建材店分別選購不知名淋浴和面盆的龍頭排掣和花灑等配件，然後兩三年就開始有漏水問題，不如選擇全套同一系列、有質量和美感的龍頭排掣，提升家居時尚的設計感。以下為大家導覽一些款式，如有查詢歡迎向裝修 MALL 聯絡：

American Standard – Signature 浴缸龍頭 + 面盆龍頭連去水

整套浴室龍頭排掣套裝包括：

單控浴缸龍頭、軟喉、手花灑、單控面盆龍頭、拉桿去水

品牌重點產品描述：

· 採用德國閥芯，久經耐用，減免漏水問題
· 調整人體最合適使用角度
· 炫光鍍層令龍頭保有持久的光澤閃亮
· 提升整體浴室設計感

了解更多 American Standard 浴缸龍頭及潔具套裝：

商品閱覽

American Standard – EasySET 自動恆溫沐浴系統

浴室排掣好設計，可以去到幾盡？以下為大家導覽一款高規格的排掣。

不想每次都要彎腰拿放在地上的沐浴露，在企缸範圍內安裝置物架又怕會撞到，也不是每個浴室都容許在牆身開一個洞去放物品，可以怎樣？原來市場上有層架形水龍頭可供選擇，增加置物空間之餘亦可讓設計感大增。

品牌重點產品描述：

· 採用德國恆溫閥芯，自動調配冷熱水比例，混合出合乎用家喜好的穩定水溫
· 平台設計，為衛浴空間裡創造額外 10kg 的置物空間
· 內建安全溫度控制，將內部水溫控制在 49℃，無法供應冷水時將會自動關閉出水
· 將出水注入空氣，提供更柔順的淋浴體驗，同時達到省水的目的

了解更多 EasySET 自動恆溫沐浴系統：

裝修妹話你知—又有型又慳位嘅浴室恆溫水龍頭　　　商品閱覽

緊急指數：🕐🕐🕐🕐
困難指數：🔧🔧🔧

浴室門框邊霉爛，
是發生甚麼事？

→

浴室外的門框你很少會留意，但有天你突然發現門框底部發黑並開始霉爛，非常礙眼。其實霉爛成因多數跟滲水相關，而水源可能來自外部或內部，絕對不能眼不見為乾淨，應盡快處理！

維修門框邊霉爛基本流程：

1. 首先應斷絕水源待乾；（參考第一章問題 9：天地牆滲漏）
2. 如果霉爛鬆化嚴重，可以切除更換新木；
3. 然後再進行批灰補油。

如果想簡單修補，則可以直接進行批灰補油。

→簡單修補方法：直接填充

🔧 準備工具：漆劑、灰、批牆寶／裂縫寶／自製石膏灰、砂紙（黑砂 220 號）、
磁油（建議選用啞光水性磁油）

① 用漆劑移除門框鬆化結構

② 用灰料填充結構。2mm 以下用批牆寶，2-10-mm 可用裂縫寶、自製石膏灰或原子灰。

③ 乾後用砂紙打磨至平滑

④ 用油掃掃上水性磁油，令顏色一致

→徹底修補方法：更換霉木

 準備工具：手鋸／萬用寶、釘膠、灰

① 使用手鋸或萬用寶（如圖）切出霉木

② 利用釘膠將新木黏合，注意要留位上灰

③ 固定木材待乾（一般要24小時，快乾配方釘膠10分鐘便可）

④ 按前頁灰料修補方法完成維修

問問 裝修佬：

1. 在木門補灰應用甚麼灰？

答：一般灰料只能補 2mm 的厚度。而且硬度不高。可用「原子灰」或者石膏灰。前者補木最為合適。

2. 為甚麼要用磁油？既然都是灰底，可以用更幼細的乳膠漆嗎？

答：使用磁油並不是因為考慮相食的問題，而是硬度上的分別。因此，可以使用乳膠漆，但建議使用磁油更為耐用。

木料哪裡買？

一般市民大眾以為，木行只做師傅生意，其實這是誤解。網上搜尋木行或建築材料公司，都不難找到可購買木料的地方。通常落單買木，需要指明以下幾點：

1. **厚度** —— 行內會用多少「分」木板作為單位，一吋為 8 分，因此，6 分夾板就是 3/4 吋的夾板。
2. **大芯／細芯** —— 如果會用螺絲收進木板橫切面，建議購買大芯夾板（圖左是大芯，圖右是細芯）。
3. **進口／內地** —— 印尼板比國內板高質，價格可貴國內板三成至一倍。

4. **磁白** —— 意思是木板上貼上白色膠板。可選雙面或單面。
5. **尺寸** —— 多數板材是 4 呎 x8 呎，不能再大，但可以切小（以切刀數量計算費用，例如 $5 一刀)。

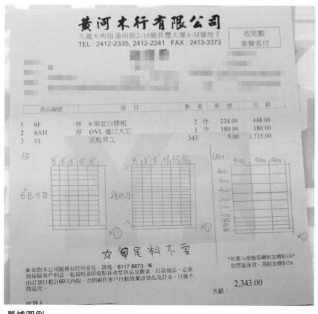

單據圖例

經電話溝通後，再透過短訊發出手畫圖紙，確認以上細節，便可落單等收貨了。

問問 裝修佬：

1. 砂紙有甚麼分類？

答：一般分為黑砂和紅砂，黑砂又叫水磨砂紙，可以在濕水表面使用；砂紙號數越高越幼細，打磨出來的平滑度也越高；220 號的黑砂大約等於 120-150 號的紅砂。

2. 如何自製石膏灰？

答：將菜膠與石膏粉搓勻，搓成沒夥粒的牙膏狀便可施工，要注意石膏灰很快乾，因此這方法只適合作小範圍修補。

3. 厚身的碎木料可從何獲得？

答：可向木行詢問有沒有木方剩料，或將木板切割再疊厚黏緊也可以。

4. 甚麼時候需要更換新木？

答：如發霉已令門框變軟，則需要以更換新木方來加固結構。如問題不嚴重，磁油的覆蓋力和防護性已十分足夠。只要水源已停並內部已乾，已經足以形成防潮隔層。

專業指導：
鴻盛裝修工程公司項目總監 Ken Li

延伸知識：

裝修MALL推介

怎樣開磁油？
洛基解密—稀釋磁油及上油教學

如何選擇木鋸？
安東尼新手上路（feat 師姐）—我要做木工（四）

釘膠用法？要注意甚麼？
安東尼新手上路—使用釘膠的步驟及注意事項

磁油
多樂士 Dulux—水性磁油（高光）

商品閱覽

釘膠
Selleys 犀利牌—液體釘升級配方

商品閱覽

緊急指數：
困難指數：

企缸去水位／洗手盆 **去水很慢**，怎麼辦？ →

　　塞塞塞塞塞……好多人因為怕塞去水，安裝能隔頭髮的地漏，結果就是頭髮在渠口阻擋去水，要日日清理頭髮碎。為甚麼有些人不用這樣做？他們沒頭髮的嗎？事實上，塞去水分為以下幾種情況，各有不同解決方法：

	塞去水的常見原因	解決方法
1	地漏／溢水口設計差	增闊去水通道或更換地漏
2	雙重隔氣	移除一個隔氣
3	隔氣積滿污物	清洗隔氣
4	喉管積聚污物	使用化油劑、通渠藤

→如何檢查去水慢的成因？

洗手盆去水測試：

1. 拿走水塞，測試去水

2. 如有明顯改善，可逆時針扭鬆圓形水塞去水，增闊去水通道

企缸去水測試：

1. 拿走地漏配件，測試去水

2. 如有明顯改善，可更換另一個洞口較大的地漏，增闊去水通道

自帶隔氣功能的地漏

3. 部份去水地漏自帶隔氣功能，更換為普通地漏，即可解決問題

4. 萬一頭髮影響去水，可進行通渠處理

→解決去水慢方法 1：清理隔氣

如果以上測試方法未有改善去水能力，有機會是隔氣淤塞，可用以下方法清理隔氣。

將水盤置於隔氣底部

一手拿著隔氣上半部，一手拿著下半部，扭開

提醒：小心不要扭開其他接駁位

清潔乾淨後重新安裝即可

→解決去水慢方法 2：通渠

 準備工具：通渠劑、氣泵、通渠藤

如果清理隔氣後未有改善去水能力，可使用通渠方法解決：

按使用說明使用通渠劑

按指定時間沖入大量水

 ③ 同時使用氣泵進行抽送，將堵塞物完全打通

 ④ 如未能成功，可打開隔氣或喉管接駁位

 ⑤ 將通渠藤鑽入喉管

 ⑥ 透過攪動將喉管內的通渠藤轉彎

 ⑦ 衝擊及攪出堵塞物

問問裝修佬：

1. 增闊去水通道，不會因頭髮積聚導致淤塞嗎？

答：如果喉管暢通，頭髮一般不會造成淤塞；但如果使用溢水口配件會因頭髮阻隔而影響去水，不使用又會被頭髮塞喉，就要使用通渠藤或通渠鈎清走頭髮。不建議使用通渠水，除了溶解不了頭髮，強酸亦容易傷害喉管。

2. 我找不到隔氣，怎麼辦？

答：隔氣一般在三個位置：自己單位的去水位下方、樓下的天花底、外牆。

3. 如果隔氣在樓下，可如何清理？

答：即使隔氣位置在樓下，亦屬樓上住戶的財物和責任物，除了直接聯繫樓下接洽，也可以透過管理處與樓下溝通，約時間入屋處理。

4. 通渠籐不夠長，怎麼辦？

答：如果以上方法都不成功，需要找專業師傅處理，師傅一般會使用專業
通渠工具將巨大氣壓打入，沖擊堵塞物。

專業指導：
一級水喉匠李俊輝先生

延伸知識：

鋅盤淤塞了怎麼辦？
裝修妹話你知—鋅盤塞咗點算好？

如何保養隔氣？
水喉見習生—隔氣知識你要知

隔氣有幾多種？我家的隔氣是哪一種？
隔氣清潔助抗疫？ U型、P型及樽型水管清
洗教學懶人包

問題 5

緊急指數：	🕐 🕐 🕐 🕐 🕐
困難指數：	🔧 🔧

座廁淤塞，怎麼辦？ →

　　座廁淤塞，多數跟自己的使用習慣有關。最常導致淤塞的原因，是使用水溶性低的廁紙。有時不是即時淤塞，而是日積月累造成。通廁所的原理，不外乎「推」和「抽」，具體來說有三個方法：

	方法	建議度
1	大量沖水暴力鎮壓	不建議
2	用泵抽出廁紙撈走	建議
3	密封座廁沖水谷走	建議

　　1是網路流傳的方法，以大量的水猛烈倒入座廁 3-4 次，手動製造沖力推走淤塞物，雖然可行，但會產生大量濺出污水的衛生問題，故不建議使用。2 及 3 則是相對普遍且可行的方法，以下將會介紹流程。

→解決座廁淤塞方法 1：泵

 準備工具：廁泵、手拉式廁所泵

① 利用廁泵對準去水口向下壓緊，杆保持垂直的抽送

② 撈走泵出雜物

③ 測試沖水

④ 如不成功，可改用更強力的手拉式廁泵，進行一樣的步驟

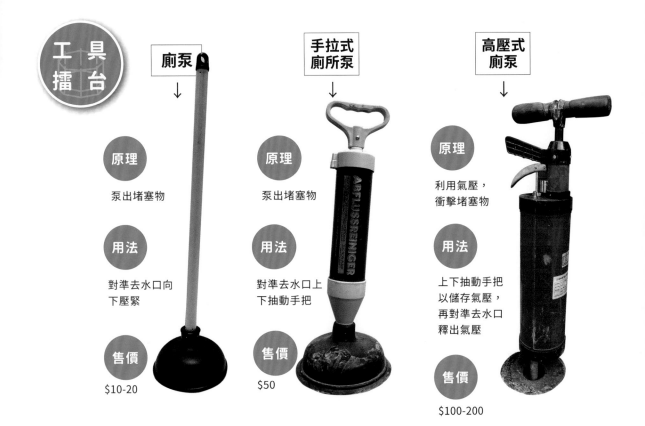

工具擂台

廁泵
↓

原理

泵出堵塞物

用法

對準去水口向下壓緊

售價

$10-20

手拉式廁所泵

原理

泵出堵塞物

用法

對準去水口上下抽動手把

售價

$50

高壓式廁泵

原理

利用氣壓，衝擊堵塞物

用法

上下抽動手把以儲存氣壓，再對準去水口釋出氣壓

售價

$100-200

→解決座廁淤塞方法 2：通渠貼紙

準備工具：包裝綑膜／通渠貼紙

① 撈走雜物

② 利用包裝綑膜或通渠貼紙密封座廁（確保黏緊，無隙縫）

③ 利用沖水的氣壓把淤塞污物沖走

1. 座廁經常淤塞，通常是甚麼原因？

答：如果經常淤塞，排除用家使用不水溶廁紙，或間中傾倒雜物落座廁的用家因素，很大機會跟喉路有關，有可能是座廁曾經大幅改位。

2. 氣泵和專業氣泵的分別是甚麼？

答：使用氣泵進行抽送必須整個氣泵抽出，力度較弱；專業氣泵能夠在泵咀緊貼廁所洞的情況下利用手柄進行推拉，力度較強。

3. 密封座廁的專用產品是甚麼？可以用保鮮紙嗎？

答：可以搜尋「通渠貼紙」或「貼廁泵」。千萬不可以用保鮮紙，一定會漏氣，也有用家試過使用膠紙，失敗數次後才成功。

專業指導：
一級水喉匠李俊輝先生

延伸知識：

有些人會認為自行通渠不衛生，寧願找師傅。一般通渠費由數百元起，但若適逢節日和深夜，費用可能會幾倍起跳！

所以不妨配備一些簡便的通渠工具在家中，有問題時先自行 DIY 試驗吧。

怎樣選一個好座廁？

想選一個好座廁，別以為只需考慮形狀尺寸就足夠。經常接觸排泄物的座廁，最重要的莫過於保持座廁本體的潔淨及衛生程度。因此，選擇座廁還需要考慮它的防污能力、沖水能力，以及抗菌能力。以下為大家導覽：

American Standard – Acacia Supasleek 一體式座廁

此座廁外觀以一體式設計，除了外型更簡約，清潔時也更方便和徹底。除此以外，選購座廁時，可以特別留意它有沒有特別功能、技術及認證去確保潔淨及衛生程度，這款 Acacia Supasleek 座廁內含幾種技術，能做到以下三種要求。

防污能力：

Aqua Ceramic 是一種超親水技術，可防止污垢和深色污漬黏附著在陶瓷表面、進而使污垢從表面滑落。每次沖洗馬桶時，都能有效確保廢物被沖刷帶走，有效做到防污效果。

沖水能力：

Double Vortex 是一種比較新型的沖水技術，能夠在用水量比較少的情況下達至較高的沖水效能。漩渦式出水亦能減少污水飛濺，同時較傳統直沖式安靜。

抗菌能力：

座廁的抗菌能力，可以參考他們是否通過一些標準檢測認證，例如是 IMSL 檢測或貼有 SIAA LOGO 認證。

另外這座廁也自帶一種叫 ComfortClean 的抗菌技術。創新的陶瓷釉料，經燒製後長久於座廁，經實驗室測試證明可有效地抑制馬桶內的大腸桿菌滋生。

了解更多 Acacia Supasleek 一體式座廁：

裝修學院——座廁揀得好，細菌唔散佈   商品閱覽

緊急指數： 🕐 🕐 🕐 🕐

困難指數： 🔧

分體式冷氣機**不停在風口位滴水，**怎麼辦？

→

網上搜尋冷氣機滴水，其實可唔可以自己搞掂？小心呀！唔係一定得架。

出風位滴水，通常都係塞喉，又或者係喉管斜水不足。後者應請師傅重新安裝去水喉，一次過根治問題；至於前者是否可以 DIY，重點則在於是否能拆開機殼。

	問題成因	對症下藥
1	斜水不足，日久積潺，導致去水倒流	重新安裝去水喉
2	日久積潺，喉管淤塞	用化潺丸／高壓水槍／高壓氣體疏通喉管

裝修佬提提你

切勿使用鐵線／穿線帶疏通喉管，因為物料質地硬，有機會弄穿軟喉

→成因1 解決方法：加裝水泵或使用化溽丸

 準備工具：化溽丸

水泵法

斜水不足導致去水倒流

加裝水泵可根治問題（師傅施工約數千元）

化溽丸法

拆開機殼

每次淤塞時利用化溽丸放置於去水口協助通去水（但無法根治）

→成因2 解決方法：打通喉管

 準備工具：高壓水槍

拆開機殼

利用高壓水槍清潔喉管

重新安裝機殼

問問裝修佬：

1. 用噴罐裝洗冷氣溶劑可以解決塞喉嗎？

答：不可以，溶劑溶解污物經去水喉去水，有機會造成淤塞。

2. 那是否不建議使用噴罐裝洗冷氣溶劑？

答：要視乎用途，如用於日常清洗，可以使用噴罐裝洗冷氣溶劑，但如用於通去水，則建議找專業人士徹底清潔。

3. 甚麼牌子的冷氣機殼較易拆？

答：對於師傅來說，大金冷氣的機殼較容易拆除。但新手拆（特別是老化的）冷氣機殼容易弄斷機殼榫位，令機身脫落，造成危機，所以不建議新手自行拆冷氣機殼。

專業指導：

盛世家居服務公司負責人 楊明霖先生

延伸知識：

冷氣清潔劑正確用法
裝修妹話你知—DIY 洗冷氣好 Easy

冷氣機清洗的三個層次＋正確觀念
清洗冷氣機嘅唔同方法

冷氣清潔劑 VS 專業清洗服務比較

不同牌子的冷氣機拆殼方式不同，有些就算拆了殼都見不到去水喉，要托起機身尋找。不過不建議這樣做，一來用家未必能成功重新安裝，二來怕過程中影響到其他喉管，如果損壞雪種喉更會因小失大。

建議戶主可以在網上嘗試尋找相關型號的拆機殼視頻，如果找不到或發覺過程繁複危險，則應找專業公司進行通喉，過程中觀察拆殼方式，如有信心能夠駕馭，再考慮日後是否能以 DIY 方式解決塞喉問題。

緊急指數：
困難指數：

窗口式冷氣機**室外滴水**被投訴，可以 → 自己處理嗎？

窗口冷氣機室外滴水被投訴，管理處上門警告，怎麼辦？

室外滴水是由於塵埃污物日積月累所造成的喉管淤塞。

專業師傅會拆出機身，使用高壓水槍通喉。那有沒有情況是戶主可以 DIY 做到的呢？

如果鋁窗可打開，伸手可以觸及去水喉，便可以鬆出喉管，利用吹氣或高壓水槍等方式通喉（見上篇）。

如果不能伸手觸及，為免發生危險，建議尋找有經驗的師傅處理。

專業指導：
盛世家居服務公司負責人 楊明霖先生

問題 8

緊急指數：⏱ ⏱ ⏱
困難指數：🔧 🔧 🔧

樓下冷氣太大，木地板不斷有水珠冒出，很怕**地板會發霉**，怎麼辦？ →

清早起床，清新開朗……嘩！木地板滿是水珠！怎麼辦？不趕緊解決，地板很快就要報銷了！

每逢夏天，樓下開冷氣，樓上地板濕，這不是滲漏，而是「冷凝水」。當熱空氣遇上冷表面，就會凝結成水。因此，解決問題的關鍵，是如何令樓下開冷氣時，不致令樓上木地板冷凍凝水。

	方法	成功機會	可行性
1	樓上住戶同時開冷氣，避免熱空氣出現	高	低
2	樓下住戶關細冷氣、風口向下	低	中
3	樓下住戶使用循環風扇代替開大冷氣	中	中
4	於樓下天花加工，增強絕緣	高	低
5	樓上地板鋪膠封邊，增強絕緣	中	高

→樓上住戶解決地板冷凝水教學

準備工具：防凝水隔音貼、紙皮、鎅刀

用鎅刀開料並將玻璃膠／釘膠（無法還原）以「Z」字型的方式，唧到地板上，然後再將防水不透氣地墊與牆身對齊，鋪設在地板上，使用玻璃膠封邊，隔絕水氣。

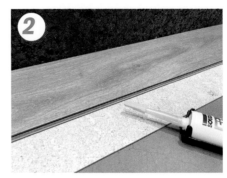

或可另外鋪設卡扣式膠地板

→解決牆身冷凝水教學

準備工具：防水不透氣地墊、玻璃膠

選購厚身、絕緣的防凝水隔音貼，以鎅刀鎅出牆貼在其中一面牆上進行拼貼

貼第一幅時，注意要與主牆身平行，將釘膠以「Z」字型的方式，唧到防凝水隔音貼上，然後再將其貼到牆上，繼而再以膠紙，進一步將隔音貼固定於牆身，待24小時後釘膠完全乾涸，即可將膠紙移除

部份燈掣面插蘇位置使用紙皮協助度位，再劃出其部份鎅走

問問裝修佬：

1. 是否一定要使用「防凝水隔音貼」？

答：其實任何厚身絕緣度高的牆貼都可以，市面上較易找到防撞牆貼，款式也較多，可選擇選用。

2. 如果天花出現冷凝水，可以怎樣做？

答：將防撞牆貼貼在天花，防止空氣遇上冷表面即可。

3. 防撞牆貼可以移除嗎？

答：會造成天花甩灰，一旦移除需要補灰髹油。

4. 如果牆身出現冷凝水，牆貼最好貼在哪一面牆？

答：貼在較冷空間的一邊，避免牆身內的水氣有機會凝結在牆貼和牆身之間。如無法施工，亦可考慮貼在另一面牆。

5. 冷凝水的出現，是誰的責任？

答：視乎樓下是否不合理地凍，樓上是否不合理地熱，但大部份冷凝水問題都源自樓板太薄，樓上樓下的責任都不大，應盡量協商共同解決。

專業指導：
Tenses Limited 室內設計顧問 周耀明先生

延伸知識：

教學影片助你更易理解
五大法寶解決地板冷凝水問題

解構牆身冷凝水
牆壁出水點算好？

裝修妹話你知——
夏日熱辣辣 從建材開始幫家居降溫

少開冷氣，如何讓家居降溫？

　　因為冷凝水而引致的家居意外及戶主之間的官司爭議絕不少見，所以這問題不能輕視。

　　而引致冷凝水的根本原因——樓板設計實在是無法解決，因此，雖然以上 DIY 可能會影響家居的美觀性，但也算是折衷方法。

問題 9

緊急指數：⏰ ⏰ ⏰ ⏰ ⏰
困難指數：🔧 🔧 🔧

天、地、牆有滲漏，如何找出滲漏源頭？ →

滲漏問題最令人頭痛，無論是懷疑樓上滲水到你的單位，還是樓下懷疑你的單位滲水，又或者是你自己單位一處滲水到另一處。除了導致傢俬財物的損失、官司爭議的麻煩；如果不處理，更可能導致結構安全問題。

滲漏分為天花、內牆、外牆、地面等多個情況，維修處理的基本步，是先應解決水源問題，待牆身乾透，才開始進行修補。以下簡單界分不同滲漏較常見的原因和確認方式：

發現地方	可能原因	確認方式
天花／牆身剝落	樓上地台或外牆滲漏	通知管理處，要求樓上或管理處進行試水
	單位潮濕或溫度驟變	留意單位濕度及關冷氣時牆身乾濕
天花／地面／牆身出現水珠	樓上冷氣導致凝水	觸摸凝水表面看看是否特別冰冷
牆身滲水／牆腳或木地板變色	來水喉破損	#1 開水掣，關水喉，觀察水錶變化，或請師傅進行磅水
	企缸防水出現問題	#2 企缸浸水測試
	吸咀接駁位玻璃膠需維修	#3 在接駁位唧玻璃膠再觀察滲水變化
樓下住戶天花剝落	企缸防水出現問題	企缸浸水測試
	去水接駁位漏水	#4 在盆或缸注滿水兩次再放水，進行去水位測試

樓上地台滲漏，必須樓上進行維修；外牆滲水，維修責任在管理處，但自己也並非無法 DIY 維修（參考第一章問題 1「打風入水」）；企缸漏水也不是不可以嘗試 DIY；冷凝水問題解答則於第一章問題 8「地板冒水珠」，至於其他，就最好找師傅評估和處理。

→檢查滲漏源頭方法

#1 測試來水喉
1. 將水錶水掣開到最大，然後全屋停止用水 3 小時
2. 觀察水錶讀數是否有變化，如有，再請師傅覆檢及維修

#2 浸水測試企缸
準備工具：膠袋、油灰、活膠塞、色粉

封好企缸去水位（方法一：先用膠袋塞死喉管再抹上油灰）

封好企缸去水位（方法二：到五金店購買活膠塞使用）

注入清水到 5cm 左右，如有需要可以使用色粉（五金店購買）

浸至少 2 小時，檢查水位有沒有下跌

#3 直接修補接駁位
準備工具：鏟刀、玻璃膠

1. 用鏟刀徹底鏟走舊玻璃膠
2. 確保表面乾透的情況下重新唧膠，再觀察效果

#4 測試去水接駁位

1. 在盆或缸注滿水，可以按需要加添色粉
2. 進行放水，反覆進行兩次，再檢查底部喉管是否有漏水情況

問問
裝修佬：

1. 甚麼情況下可以不處理漏水？

答：主力牆或天花由於佈滿鋼筋，而鋼筋生鏽後膨脹，會導致石屎剝落或鋼筋脆化等
問題，因此需要盡快處理；如果不影響結構，也沒有安全隱患，漏水並非必須處
理。

2. 如懷疑樓上滲水，依戶主過去經驗，委託食環署試水是否可以準確證實漏水？

答：不是。食環署的試水程序並不保證準確，亦因如此，樓上樓下如果能夠協商出雙
方滿意的解決方案，往往比走程序更快捷有效。

專業指導：
鴻盛裝修工程公司項目總監 Ken Li

延伸知識：

緊急水管滲水問題！
安東尼新手上路—如何暫時處理去水管滲水問題呢？

鄰居或樓上滲漏問題，我應該找誰幫忙？
裝修十萬個為甚麼—屋企滲水點算好？

座廁漏水點處理？
裝修妹話你知—浴室滲水情況點解決？

⚙ 第二部份：五金

緊急指數：⏱ ⏱ ⏱ ⏱ ⏱
困難指數：🔧 🔧 🔧

鎖匙斷在門鎖內，怎麼辦？

→

鎖匙斷在門鎖內，可能是因為未插到盡就急於扭動，扭斷門匙，也有可能是因為鎖故障，需要常常大力扭動和「chok」門，最終扭斷。前者純粹是意外，後者則提醒我們，當鎖頭出現故障時，應該盡早處理，而不應該「用得一日得一日」，等入不到門口才處理，可能會帶來大麻煩。

鎖匙斷在門鎖內，一般並不會卡死，以下提供幾個方法，循序漸進解決問題：

→解決方法 1：鎚仔震

🔧 準備工具：鎚仔、鐵鉗

1

用鎚仔敲擊鎖膽的兩側

2

震出少少，再用鐵鉗拮出

→解決方法 2：用膠黐

 準備工具：打火機、熱溶膠條、鐵鉗

用打火機燒熔熱溶膠條，黐在鎖匙位

待乾後，嘗試輕搖和拉熱溶膠部份，拖出少許鎖匙位

再用鐵鉗扭住外露的鎖匙位，拉出

→解決方法 3：用錐撬

 準備工具：勾／萬字夾／尖錐／尖螺絲、鐵鉗

用尖銳東西，例如勾、萬字夾、尖錐、尖螺絲等，將鎖匙稍稍撬出

再用鐵鉗扭出鎖匙

問問 裝修佬：

1. 用鎚仔敲擊會否破壞門鎖？

答：鎚仔敲擊的原理是震動，並不需要太大力。如果擔心破壞大門門鎖，也可以先將鎖膽拆出再從不同角度輕輕鎚打。

2. 使用熱溶膠條有甚麼好處？

答：熱溶膠條比玻璃膠黐力弱，但好處是快乾，大約 1-2 分鐘便可以抽出。

3. 甚麼鉗在這情況最為適用？

答：尖嘴鉗。一般五金店有售。

專業指導：

鴻盛裝修工程公司項目總監 Ken Li

延伸知識：

握鎚仔有技巧！

生活小百科—握鎚仔教學

不想再發生斷鎖匙的情況？

破舊立新智能電子鎖

裝修佬提提你

要將鎖匙拉出，不外乎「震、黐、撬、夾」四招。

如果真的無法解決，房門的話可以整個鎖換掉；大門的話，則可以將整個鎖膽換掉，計一計可能仍比找鎖匠處理便宜，而且可以保證 100% 成功！更換鎖膽的方法可參考本章另文的教學。

問題 2

緊急指數：⏱ ⏱ ⏱ ⏱ ⏱

困難指數：🔧 🔧

鐵閘鎖壞了，我在 室內怎麼辦？ →

　　鋼閘原裝鎖和鎖匙，很多時鋼水大多質量參差，一不小心扭斷鎖匙，又無法將斷匙拿出，出不到門口，怎麼辦？只要你在室內，那就不用怕。只要用螺絲批便可以簡單拆鎖，到五金店買一個鋼水好的鎖，都只是百多元，更可自己 DIY 動手安裝。

→解決鐵閘壞鎖方法：

 準備工具：螺絲批

① 在室內，扭開鋼閘面的螺絲，打開面蓋

② 鬆出鎖匙膽螺絲，拿出鎖匙膽

③ 到五金店配一模一樣的鎖匙膽

④ 用相反方法安裝好鎖膽，測試過沒問題，便可以關閘，正常使用了

問問 裝修佬：

1. 我行了多間五金店都買不到這款鎖，怎麼辦？

答：只需到有鎖匠坐鎮的五金店便有售（不然他們如何維修？），不難找的啊！

2. 如果鋼閘沒有螺絲位，怎麼辦？

答：有些鋼閘用黏合的方式安裝面蓋，不利維修，而即使你破開閘蓋，也可能發現鎖膽已用焊接的方式裝死在閘上。如果發現無法 DIY 處理，那就只好找專業人士幫助了。因此，購買鋼閘時就應留意，不要只看花紋外觀啊。

3. 如果在門外壞鎖，那該怎麼辦？

答：門外也能開鎖，那就不是鎖了。再三緊記，一旦發現鎖有問題跡象便盡早處理，這就可以大大減少「無門口入」或找鎖匠維修的風險了。

專業指導：

鴻盛裝修工程公司項目總監 Ken Li

延伸知識：

當你拆開鋼閘面蓋後，發現匙膽螺絲藏在特別刁鑽的位置（如 L 形位），一般螺絲批無法扭鬆螺絲。打算找專業人士幫助嗎？其實只需一個小小 DIY 工具就可以解決問題！

棘輪扳手

棘輪扳手是一款適合在狹隘空間使用的扳手，可以套在螺絲上轉動螺絲。一般棘輪扳手套螺絲位分為兩種，可接駁不同大小的駁頭或本身可調校套位的大小。兩款均可在一般五金舖買到，價錢由 $100 以下起，也是一款非常值得持有的 DIY 工具！

問題 3

緊急指數：⏱️ ⏱️

困難指數：🔧 🔧 🔧

大門**不能順暢地鎖門開門**，怎麼辦？

→

當你發現鎖匙不能順暢地開門，需要「chok」才能把門打開，那便要更換門鎖鎖膽了。不同款式的門鎖，更換的方式雖然不完全一樣，但都是大同小異的。謹記，更換鎖膽並非換整個大門鎖，因此不要「見乜拆乜」。本文會逐步附圖解說。

→大門鎖配件解構

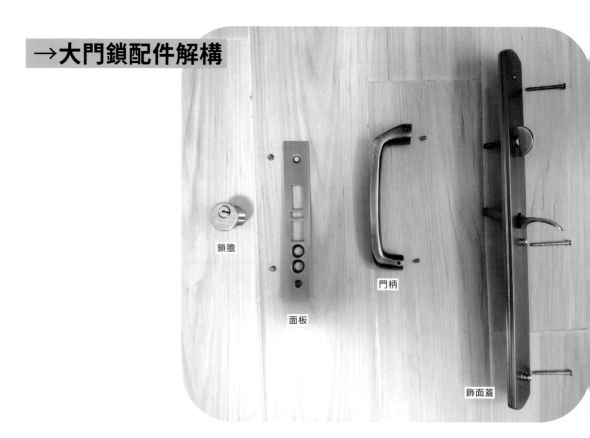

鎖膽

面板

門柄

飾面蓋

→更換大門鎖方法：

 準備工具：大十字螺絲批、小一字螺絲批、六角匙

從室內門柄位找到隱藏螺絲（常見的是用六角匙扭），
打開飾面蓋

鬆出螺絲打開飾面蓋，看到鎖膽底部

鬆出門側的螺絲，看到固定鎖膽的一字螺絲槽

扭鬆一字螺絲槽，注意不要鬆過多

在門外插半根鎖匙，逆時針扭出鎖膽（小心面蓋掉下
來！）

倒轉以上步驟，安裝新鎖膽、扭緊一字螺絲槽固定
鎖膽，重新裝好門鎖

問問 裝修佬：

1. 門鎖鎖膽可在甚麼地方買到？

答：如果是原裝門鎖或本身在附近買的大門門鎖，附近的五金店多會有售。如果是搬家時一併遷移的，就未必可以在附近找到，那就可考慮拿現用鎖膽匹配代用款式。

2. 我可以一併更換整個門鎖嗎？

答：如果門孔位置不用更改，DIY 更換整個門鎖是可行的。可以度好門洞的尺寸和位置，畫在圖紙上到五金店配。要注意的是門鎖的飾面蓋大小，避免瑕疵外露。

3. 自行更換大門鎖膽，會有甚麼情況可能出問題？

答：有時安裝鎖膽時會不小心倒轉，令鎖無法正常操作。因此，在關上大門前，應先進行測試，沒問題才關門，否則就可能將自己鎖在門外了。

專業指導：
鴻盛裝修工程公司項目總監 Ken Li

延伸知識：

房門鎖又怎樣換呢？
安東尼新手上路—點樣更換新圓珠鎖呢？

問題 4

緊急指數：⏱

困難指數：🔧🔧🔧

螺絲**滑牙和生鏽**，可以怎樣拆除？

→

　　螺絲滑牙是非常常見的家居維修難題，由於坊間有太多解決方法，很多人都不知應該先試哪種，本文將嘗試整理幾個最簡單有效的方法。

→解決方法 1：加粗橡筋擰出

🔧 準備工具：粗橡筋、螺絲批

在螺絲與螺絲批中間把一條粗橡筋再扭動。此法看似不靠譜，但實際成功率一點也不低。

→解決方法 2：去除螺絲頭並把螺柱留在牆內

🔧 準備工具：電鑽／一字批及鎚仔

鑽爛螺絲頭或用一字批和鎚仔鑿走螺絲頭，把螺絲鑽入埋在牆內，不用拆除。

→解決方法 3：用鉗子扭出

🔧 準備工具：帶有橫溝的扁嘴鉗

使用帶有橫溝的扁嘴鉗把螺絲夾緊扭出，取出螺絲

→解決方法 4：用手鋸鋸出一字凹坑，再用 一字螺絲批扭出螺絲*

🔧 準備工具：手鋸、一字螺絲批／電批

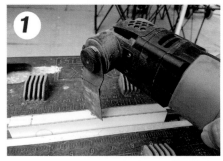

用手鋸或萬用寶將塌啞螺絲鋸出一字坑（如果是不銹鋼鏍絲，則需要更強力的電動工具）

用一字螺絲批或電批，反方向將塌啞螺絲扭出來

　　* 同理，如塌牙不影響使用一字螺絲批，也可一開始嘗試用一字螺絲批扭出塌牙螺絲，在牙位完全崩塌前，成功率很高。

問問 裝修佬：

1. 如何避免鏍絲塌啞？

答：1. 使用合適尺寸的螺絲批：螺絲批尺寸不合，非常容易造成螺絲塌啞。

2. 用米字螺絲批：螺絲批咀其實分為十字（也稱 Ph 螺絲）和米字（也稱 Pz 螺絲），米字螺絲批的設計比較能咬實螺絲，十字螺絲批則較容易跳出，也較容易造成塌啞。

3. 調低扭力環：使用電動螺絲批時，如果將扭力環調低，密度太高時，工具會停止扭動，可大大減低螺絲塌啞的機會。

2. 看到一商品叫 Speed Out 鑽咀，聲稱可解決塌啞螺絲問題，有用嗎？

答：名過於實，實測發現很大機會不會成功。

專業指導：
鴻盛裝修工程公司項目總監 Ken Li

延伸知識：

專門對付塌牙螺絲的手動工具？
生活小百科 對付塌牙螺絲嘅數碼暴龍鉗

十字（Ph）螺絲批 VS 米字（Pz）螺絲批
裝修華工作室—PH 批咀與 PZ 批咀的分別

第二章
改善家居維修篇

「積累下來的小型家居問題非常礙眼，
別忍，自己動手吧！」

⚙ 第一部份：傢俬

問題 1

不便指數：😣

困難指數：🔧

木傢俬被刮花，
可以修補嗎？

→

　　這個問題相當熱門，因為木材幾乎是每個家庭不可或缺的建材，然而，修補木傢俬的前提，是搞清楚木傢俬的表層或飾面是甚麼，因為不同類型的木料修補的方法也不同。

如何分辨木傢俬表面物料？

　　一般訂造木傢俬的飾面有 3 種，分別是膠板、木皮和焗漆，另外還有沒有飾面的實木。看圖很難辨認，需要透過手感協助判斷。

木傢俬表面物料	木皮	焗漆	膠板	實木
分辨方法	木皮大多數會有駁口，轉角位木紋會有斷點	焗漆是一層膜，沒有任何邊位瑕疵	膠板非常硬，沒有木感	實木的木紋都是獨一無二，不會重複

→木皮飾面修補方法

木皮很薄，一旦受損便會看見木芯，修補方式是盡量補色修飾。如果刮痕不深，用木器漆或塗料直接補色即可，如刮痕較深，可使用以下方法：

 準備工具：木料填充劑、鏟刀、塗料

1 清潔要修補的表面，保持表面清潔、乾燥及沒有任何碎屑。

2 使用鏟刀把木料填充劑或木材修補膏（見圖）填補到花痕位置

3 用鏟刀撫平表面，並刮走多餘填充劑

4 等待 15-30 分鐘，填充劑便會固化

5 如乾涸後有色差情況，可使用與飾面相近顏色的塗料上色即可

→焗漆飾面修補方法

焗漆飾面是傢俬上的一層膜，如出現刮花痕，可當成掉漆的情況處理，塗上相同顏色的水性手掃漆或磁油即可，注意要配合兩者反光度。

 準備工具：高光／啞光磁油、細油掃

磁油和細油掃

→膠板飾面修補方法

　　膠板飾面的刮痕難以修補，但可以透過來回抹上牙膏去減少刮痕的顯眼度。這方法的效用有限，亦很視乎膠板本身質地。市面上有些高級膠板，能進行自然修復或熱修復，透過用手抹或用熱水燙，將刮痕消除。

 準備工具：牙膏

→實木刮花修補方法（木蠟油面層）

　　修補實木傢俬前要先了解表面塗層是木蠟油還是 UV 塗層。如確定是木蠟油，便可以 DIY 修補。用幼砂紙進行打磨，直至花痕消失，再抹上木蠟油。

 準備工具：幼砂紙（500 號）、木蠟油、油掃

→實木傢俬出現凹坑修補方法（木蠟油面層）

　　如果實木傢俬因撞擊出現凹坑，不要打磨！否則會造成大面積的凹坑，但應該如何處理呢？可以用熨斗進行濕熨：

 準備工具：熨斗、濕毛巾

把毛巾沾濕擰乾，並鋪在凹坑處

用熨斗在毛巾上來回熨燙約 30 秒

前　　　　　　　　　　　　後

問問
裝修佬：

1. 木地板又是用甚麼修補？

答：木地板分為纖維地板（laminate）（表層是三聚氰胺，可以膠板方式處理），以及實木／實木複合地板（engineered wood）（按實木方式處理）。

2. 用磁油、手掃漆和乳膠漆修補焗漆傢俬，有甚麼分別？

答：磁油較厚實、手掃漆較考功夫、乳膠漆並不屬木器漆，能勉強作為外觀修復，但耐用性不如另外兩款。

3. 可以不打磨，就這樣重新打蠟嗎？

答：打蠟會令瑕疵更加明顯，因此必須先打磨（「車地板」），再打蠟。

4. 為甚麼網上有影片使用核桃修復木傢俬和木地板，竟然成功？

答：因為核桃有油份，有與塗上木蠟油相類似的效果。

5. 如何分辨實木傢俬上是木蠟油還是 UV 塗層？

答：UV 塗層是可加硬表面的塗層，所以會較光滑和耐刮，但一般人會較難分辨，最好是向物料供應商查詢。

6. 為甚麼 UV 塗層不可修補？

答：因為 UV 塗層是用紫外光設備在生產過程中曬在木材上的東西。一般人家中沒有這些設備。

7. 如果是 UV 塗層，應該如何進行修補？

答：UV 塗層的破損無法 DIY，如果嚴重而廣泛，可以考慮進行地板打磨（又稱「車地板」），再進行打蠟處理。

專業指導：
鴻盛裝修工程公司項目總監 Ken Li

延伸知識：

【實測】「土炮」修補木材的方法
裝修知識一分鐘—DIY 土炮修補木材大法

睇片教你用木料填充劑
修補木傢俬有妙法

$1 修補法？
淘寶實測系列 木材修補膏

裝修MALL推介

木料填充劑不單能修補刮痕，也適用於填充木材上小孔（如電鑽窿）、凹痕及碎片。

木料填充劑乾後會變硬，之後可當成真木材般處理，在上面鑽、釘、刨或上漆。

商品閱覽

Selleys 犀利牌 木料填充劑

問題 2

不便指數：	😣 😣 😣
困難指數：	🔧 🔧

蝴蝶餐枱腳鬆，
有甚麼方法鎖實？ →

　　木料可磨可鑽可黏合，維修最困難的地方，也許不是技巧，而是判斷哪種是最佳方法。以上圖例中，可以用最少 4 種方法，你覺得哪一種最可取呢？

→加固傢俬方法 1：在 A 位置收螺絲，穩固橫木

好處：無

壞處：長螺絲十分粗，必會弄壞桌子腳，不會成功

推薦指數：＊（滿分為 5 星）

→加固傢俬方法 2：在 A 位置打入長釘子，固定橫木

好處：隱藏度不錯

壞處：仍會傷害木料內部，有爆木風險。同時亦並非最穩
　　　　固的選擇。

推薦指數：＊＊＊（滿分為 5 星）

→加固傢俬方法 3：在 B 位置安裝直碼或在 C 位置安裝角碼

直碼　　　　　　　角碼

好處：最穩陣（記得使用短幼的螺絲）

壞處：雖然在桌底，但亦略嫌礙眼和不美觀，
　　　可考慮上漆隱藏

推薦指數：＊＊＊＊＊（滿分為 5 星）

→加固傢俬方法 4：在入榫木條上使用釘膠或者木工白膠漿膠水黏合

好處：完全隱藏「傷口」

壞處：接觸面太狹窄，或需進行細微擴孔

推薦指數：＊＊＊＊（滿分為 4 星）

問問裝修佬：

1. 木工膠水和釘膠的分別是甚麼？

答：兩者都可黏合木材，但木工膠水乾得較快，釘膠需要一整天，快乾的配方也需要十分鐘。而且木工膠水沾上手容易清潔；釘膠需要非常小心，一旦沾上手沒有方法可以輕易清潔。

2. 直碼和角碼比較礙眼，可以如何隱藏？

答：除了選擇在不見光的位置增添碼仔以外，亦可以將金屬塗色至與桌椅差不多的顏色，又或者簡單地用油性箱頭筆塗成黑色作為款色。

專業指導：

鴻盛裝修工程公司項目總監 Ken Li

延伸知識：

 想知道更多木工知識！

安東尼新手上路（feat 師姐）—我要做木工

 如何在木材上畫線？

安東尼新手上路（feat 師姐）—我要做木工（二）

 刨木怎樣才算靚？

安東尼新手上路（feat 師姐）—我要做木工（三）

⚙ 第二部份：電器

問題 1

不便指數：	😕 😕 😕
困難指數：	🔧 🔧 🔧

風扇不涼，
可以自行修理嗎？ →

　　風扇唔涼，是否便要丟棄呢？如果能夠花幾塊錢便可以 DIY 更換，你會否願意花心機學習呢？本篇教大家更換的電容，是一粒會隨時間老化的重要配件。無論是對舊風扇有感情，還是單純想節省金錢，懂得維修風扇都是十分有用知識的啊！

→維修電風扇教學

檢查部份

如果用手旋轉扇葉，感覺旋轉位置轉動不順，只需在旋轉的位置加上衣車油或潤滑油，再看看是否有改善便可。

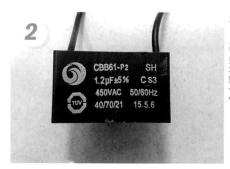

如果不關扇葉事，可以試試更換電容，只需幾塊錢一個。

→更換電容方法

🔧 準備工具：電容、一字螺絲批、電線鉗、壓線帽／辣雞／熱縮管／簪玉

拔除電源

拆開風扇找到電容

拆下電容，更換一個

注意要選擇同規格、同型號、同樣容量的電容，例如：250v-2uF（最好拿去配）

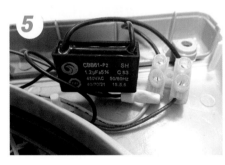

將電容重新駁好，不用分左右。接線可以使用壓線帽，最安全易掌握。當然也有人使用辣雞、熱縮管、簪玉等等

問問 裝修佬：

1. 在甚麼地方買衣車油？

答：五金舖，如果找不到，也可以到淘寶找。

2. 可以用 WD40 代替衣車油嗎？

答：不可以啊。不同潤滑油的功能不一樣的。

3. 在甚麼地方買電容？

答：鴨寮街，或區內買電子零件的地方。

4. 拆下電容要注意甚麼？

答：要注意有餘電，最好不要拔除電源立即施工。或使用電筆（又稱他筆）或者戴上
　　膠手套，確保安全才施工。

5. 電容的容量買大一點／細一點可以嗎？

答：差一點是可以的，但由於難以判斷，筆者並不建議。畢竟太大會損壞電器，太細
　　會發動不了風扇。

專業指導：
Tenses Limited 室內設計顧問周耀明先生

延伸知識：

認識熱縮管
裝修華工作室—USB 充電爛線咗可以點搞？

教你洗風扇
生活小百科—洗風扇教學

不便指數：😐😐😐😐

困難指數：🔧🔧🔧

電器失靈，可以怎麼辦？ →

　　讀完本書絕不會成為電器維修的專家，但本文會分享一個業餘人士可以救回電器的簡單方法。雖然十次入面大約只有三次成功，但筆者也試過成功救回不少像焗爐仔、智能拖板等小電器，節省了不少拿電器維修的金錢和時間。這個方法就是：更換保險絲（fuse）。

→更換保險絲的步驟

當電器無法開動，可能是保險絲燒了，更換的方式很簡單：

方法 1：更換保險絲

🔧 準備工具：保險絲、一字批

1 鬆開中間一粒螺絲，即可打開插蘇

2 用一字批撬出被金屬夾緊的保險絲

3 更換一個同規格的保險絲（可拿拆出來的保險絲到區內水電或家居維修用品或五金舖配）

4 關上插蘇進行測試

方法 2：更換整個插蘇

🔧 準備工具：保險絲、一字批、電線剪、新蘇頭

剪掉插蘇電線

將電線駁上新的蘇頭（請參考第三章的駁電教學），確保蘇頭內的保險絲規格正確（見問問裝修佬）

問問裝修佬：

1. 甚麼是保險絲？它在甚麼地方？

答：它被安裝在火線上，是一段短而幼的合金絲。

2. 如果沒有舊保險絲資料，或懷疑保險絲錯配，如何判斷正確保險絲的規格呢？

答：可參考以下例子，計出所需保險絲的規格。如果微波爐的數值是 220V 和 750W，流過微波爐的電流為 750/220 = 3.41A，因此微波爐應配以比 3.41 大一點的 5A 保險絲。

3. 如果保險絲經常斷，那代表甚麼？應該怎樣做？

答：有可能漏電，電量過載的機會也很大。應該檢查是否將多部電器的插蘇集中插在同一拖把上，如果是，應減少拖把上的插蘇數目。

4. 有沒有更簡單的方法檢查是否要更換保險絲？

答：把電器的馬力開小。如果只在電器馬力全開時才發生跳掣，那就是因為電力過載了。

專業指導：
Tenses Limited 室內設計顧問周耀明先生

延伸知識：

原來三腳插變舊會導致用電量增加？
生活小百科—解構新舊三腳插頭的分別

影片解構步驟更清晰
生活小百科—更換插頭保險絲

怎樣利用「神物」讓家中的用電量減低？
生活小百科—如何翻新三腳插頭

不便指數：😣 😣 😣

困難指數：🔧 🔧 🔧 🔧

USB 插頭失靈，
我可以自行更換蘇面嗎？ →

USB 蘇面是十分實用的，除了大家最常用到的叉電線以外，它亦可配合不同的小裝置，例如 USB 閱讀燈，可節省電掣位的使用，亦有助保持空間的簡約。

更換 USB 蘇面有沒有難度？其實，有沒有 USB 插頭的蘇面，結構是完全一樣的！所以，無論是更換 USB 蘇面，還是把普通蘇面改變為 USB 蘇面，都一樣簡單。

注意！根據香港電力條例，香港只准持牌人士進行固定電力裝置的維修工作，所以自行更換蘇面是違例的。台灣、澳門、大陸則沒有這規限。因此，簡單電力維修是否應該 DIY 一直是熱議的話題。

→更換掣面教學 (可更換 USB 插蘇掣面)#*

準備工具：鈪刀、一字螺絲批、電線鉗、簪玉、蘇面、批牆寶、小漆鏟

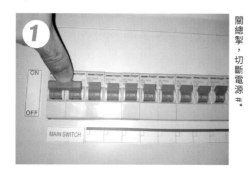

① 關總掣，切斷電源 #*

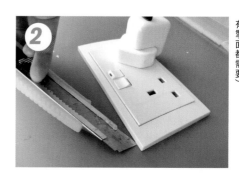

② 鈪走蘇面邊的灰（所有掣面都需要）（示意圖，不是所有）

如未見到螺絲位，可直接挑起飾面蓋（示意圖，圖為不同製面類型）

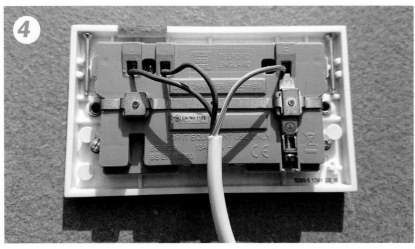

將每條電線鬆出，簪入新的蘇面，確保穩固

5 重新裝上螺絲及飾面蓋

6 如有需要（例如牆身不平），可在邊框補上牆灰（如批牆寶）填補罅隙。完成後可重開電箱總掣。

\# 施工前記得通知所有家庭成員，並且盡量一氣呵成，以免家人誤開總掣，造成意外。

* 注意！根據香港電力條例，香港只准持牌人士進行固定電力裝置的維修工作。在維修施工前，必須將電源隔離，並且掛上告示牌，在使用合標準儀器測試電路不再帶電後，方可施工。

問問 裝修佬：

1. 是否可以只關上電箱內相關的掣，而不用關總掣？

答：是，但為免關錯，建議全關。謹記作業前先用他筆試電，確認安全後才施工。

2. 有甚麼 USB 掣面安全抵買？

答：Schneider Electric 市佔率最大，亦有普通掣面可作襯色，值得考慮。

商品閱覽

Schneider
Electric—13A 單位
連 USB 充電插座

單掣插座和雙掣插座的背面

3. 單掣插座和雙掣插座都是一樣的結構嗎？

答：是，雙掣插座跟單掣插座背面的結構是一樣的，所以可以安裝單掣插座方法更換成雙掣插座，最重要是底框安裝隱陣。

專業指導：
Tenses Limited 室內設計顧問周耀明先生

延伸知識：

經常聽說「簽線」即是甚麼意思？
生活小百科—簽玉係乜東東呢？

旅行買回來的電器想換頭可以嗎？怎樣做？
生活小百科—轉換插頭嘅使用及安全須知

原來用 USB 萬能插蘇有安全問題？
生活小百科—USB 萬能插蘇嘅潛在危險

DIY 更換燈掣

　　燈掣是牆身的瑕疵。有沒有想過可以不時自行更換，甚至製作不同系列的「節日掣面」，每年過特別節日時更換，「兩秒 DIY」做好節日裝飾？

　　「兩秒做好？師傅都唔得啦！」

　　隨著 Schneider Electric 品牌生產出 AvatarOn 系列掣面，只要你找師傅更換一次掣面，以後就可以自己用兩秒時間，一拆一裝，輕鬆更換不同風格的掣面款式，更可自訂掣面圖案款式。既不用擔心要碰高壓電流的風險，亦大大節省時間。

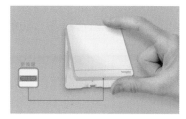

了解更多 AvatarOn 系列掣面：

【型格家居】只需一個掣面，幫你打造型格灰色系家居

商品閱覽

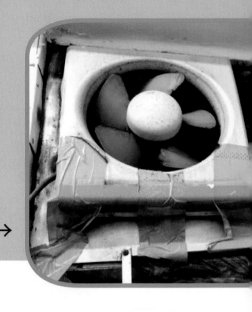

問題 4

不便指數：😑😑

困難指數：🔧🔧🔧🔧🔧

抽氣扇已經非常殘舊，
我可以自行更換嗎？ →

　　抽氣扇價錢不貴，更換一把新抽氣扇，是送給自己和家人的一份禮物。下廚那位一定會十分感動呢！網上很多人都說抽氣扇安裝很容易，「拆下來換一個一樣大小的便可以了」，真的嗎？理論和現實是不一樣的啊……

　　舊抽氣扇的安裝方式，其實會影響拆除的方法。

→第一種：插掣式抽氣扇（掣面蓋）

　　這是最容易的，只要拔除 13A 插蘇便可以了。

→第二種：肚臍式抽氣扇（掣面蓋）

　　這比較困難，步驟如下。

更換肚臍式抽氣扇教學 #*

🔧 準備工具：一字螺絲批、電線鉗、簪玉

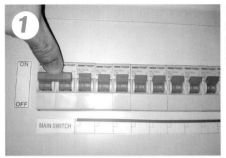

① 關上電箱總掣

② 打開掣面蓋的螺絲飾面

③ 扭螺絲打開掣面蓋，看到電線

④ 鬆出圖示之三條電線及下方之金屬箍，即可拆除抽氣扇

5 在裝好新抽氣扇之前，關好掣面蓋，以免旁人誤觸

6 按本章後面所教，安裝新的抽氣扇

7 重新簪好電線（參考第三章的「駁電教學」），蓋上面蓋

8 重開總掣

→第三種：密封式抽氣扇

這是比較困難的，電線引入櫃內，但櫃門不能打開。在這情況，建議將電線剪掉，以簪玉駁好。

密封式抽氣扇鬆出電線教學 #*

🔧 準備工具：電線剪、簪玉、電線膠布

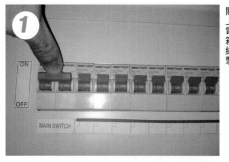

關上電箱總掣

剪斷電線

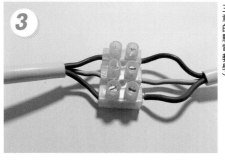

剪開電線皮，接駁簪玉（請參考第三章的駁電教學）

用電線膠布像纏繃帶那樣，由電線一端纏到另一端

由於以這方法接駁電線並不美觀，因此剪電線時，應小心選擇位置。

→安裝抽氣扇教學

🔧 準備工具：螺絲批、防水膠條、防割手套、玻璃膠

按上面教學鬆出電線後，扭鬆所有螺絲，拔出扇葉，即可拆下抽氣扇

量度洞口大小，購買新的抽氣扇

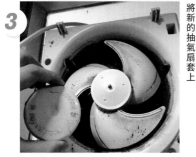

將新的抽氣扇套上

接上電線進行測試

施工前記得通知所有家庭成員，並且盡量一氣呵成，以免家人誤開總掣，造成意外。
* 注意！根據香港電力條例，香港只准持牌人士進行固定電力裝置的維修工作。在維修施工前，必須將電源隔離，並且掛上告示牌，在使用合標準儀器測試電路不再帶電後，方可施工。

問問 裝修佬：

1. 聽說有些人裝抽氣扇弄破玻璃，那是甚麼情況？

答：首先，定位螺絲不要扭太緊，以免壓爛玻璃。其次，拆抽氣扇時不要用蠻力。

2. 不同抽氣扇有不同嗎？

答：有的。有的抽氣扇拆下會看見防水膠條包著玻璃邊（本文的有海棉托底，玻璃沒有包膠條），需要一併更新。如果太長，用鉗剪斷便可。頭尾要剛好頂著，不要剪太多，以免漏水。此外，有些舊款抽氣扇裝好後需再唧上玻璃膠進一步穩固抽氣扇。

3. 一定要唧玻璃膠嗎？它原本都沒有啊！

答：觀察得不錯。如果防水膠條裝得好，不需要唧玻璃膠都不會漏水。

4. 新抽氣扇套不上，怎麼辦？

答：動動腦筋。有時要先攝好上方的槽位，然後才套進下方的扣，這些鎖碎的細節，隨不同型號或有不同，但都是可自行領略的。

專業指導：
Tenses Limited 室內設計顧問周耀明先生

延伸知識：

近年新興名詞「黑廁」甚麼意思？
裝修十萬個為甚麼—為甚麼「黑廁」有機會成為病毒的幫凶？

抽氣扇壞了，換浴室寶好用嗎？
問問 Dr 酷 浴室寶，有咩好？

問題 5

不便指數：😣 😣 😣 😣

困難指數：🔧

路由器在客廳，睡房**經常收不到 Wi-Fi**，怎樣可以改善？ →

路由器即是一般我們說的 router。即使是 500 呎屋，房間收不到客廳的 router 訊號，也不是罕見的事。有人以為要解決這個問題，必須裝一個超強的 router，但筆者實測，隔著廚房，router 的訊號可以減弱高達 50 倍！那要多強的 router 才能確保房間順暢使用網絡啊？不妨試試安裝 PowerLine 吧。

→ PowerLine 是甚麼？

PowerLine 是個電力線通信科技，能夠利用既有電線，將數據進行傳輸。簡單來說，就是透過電線將寬頻訊號由家中一個插座，複製去另一個插座而不減弱訊號。

→安裝 PowerLine 教學

在電腦舖或網購平台購買 TP-LINK 的 PowerLine 裝置

在大廳近 router 的一個 13A 插蘇位插上主機，並連上 Lan 線

在房間牆身找一個 13A 插蘇位插上分機

按說明書進行設定——複製訊號大成功！房間也可以用大廳同速的網絡了！

問問裝修佬：

1. 必須要牆身 13A 電位？拖板電位可以嗎？

答：不可以。

2. 進入房間，是否要切換另一網絡呢？

答：可以按說明書操作，將兩個網絡進一步設定為同一網絡，否則便要切換兩個不同
　　網絡了。

專業指導：
Tenses Limited 室內設計顧問周耀明先生

延伸知識：

原來寬頻有不同的種類？
生活小百科—家居寬頻的種類

懷疑家居光纖壞了？應找誰幫助？
裝修 FAQ—家居光纖接駁係邊個負責呢？

接駁寬頻線都有機會中伏？
生活小百科—寬頻線的結構

不便指數：☹ ☹ ☹

困難指數：🔧 🔧 🔧

假天花燈燒了，
需要把假天花拆開
才能換嗎？　→

　　假天花的筒燈壞了，有兩個可能，第一是燈壞了，第二是火牛壞了。如果火牛沒有壞我們只換燈面的話其實很簡單，只要懂得如何把筒燈拉出來，便可更換一個新的。但如果火牛也壞了則牽涉簪線，這便牽涉到固定電力裝置，需要簪一個火牛然後再接駁筒燈再安裝上去。

→筒燈基本結構

筒燈主要分為三部份：
A 是筒燈本身
B 是接駁位
C 是火牛部份

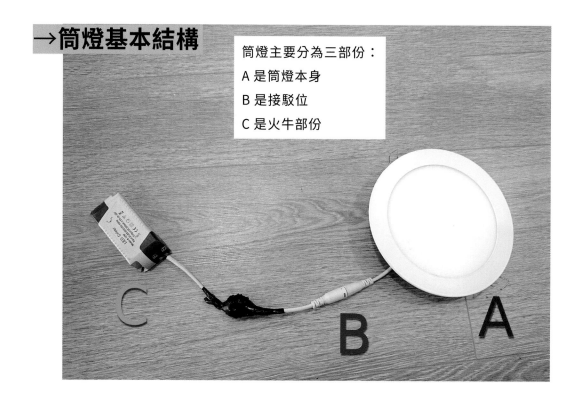

→更換筒燈教學

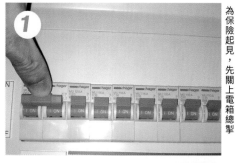

為保險起見，先關上電箱總掣

將夾在假天花邊緣的筒燈拆出來，拉的位置越接近彈簧越易拉，如果拉不動，試試旁邊的位置

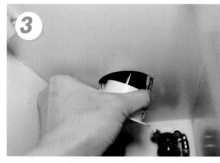

小心不要在彈簧位拉傷手，拉下筒燈後滑出，會被彈簧彈

將舊筒燈B位拔掉，換上新筒燈，測試是否正常運作，如果不是則需換火牛

 如果是，則倒轉以上步驟將筒燈重新扣上假天花

→更換火牛教學 #*

準備工具：一字螺絲批、電線鉗、電線膠布

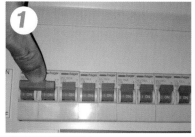

檢查電箱總掣已關上

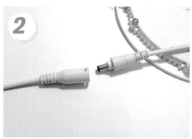

將火牛和筒燈分開，方便安裝

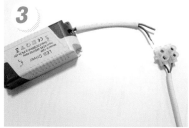

將連接火牛的舊線從簪玉拆除（請參考第三章的駁電教學）

簪上新火牛的線。記得兩條線要按照顏色連接，火線接火線，中線接中線

如有銅線外露，應用電線膠布連線連簪玉包好

施工前記得通知所有家庭成員，並且盡量一氣呵成，以免家人誤開總掣，造成意外。
* 注意！根據香港電力條例，香港只准持牌人士進行固定電力裝置的維修工作。在維修施工前，必須將電源隔離，並且掛上告示牌，在使用合標準儀器測試電路不再帶電後，方可施工。

問問 裝修佬：

1. 為甚麼不碰電線也要關上電箱總掣？

答：有時會有漏電情況。

2. 為甚麼電線顏色不一樣？

答：因為舊款的火線不是啡色是紅色，舊款的中線不是藍色是黑色。藍黑是互通，紅啡也是互通的。

3. 建議戶主自行動手維修燈具嗎？為甚麼？

答：如果不涉及火牛簧線，將筒燈一拔一插，等同換燈泡，是可以自己做的，但要小心爬梯安全，建議由另一人扶穩。至於簧線，香港朋友就不要做了，因為香港法例不容許。其他地區容許的話，可按自己能力判斷，記得必須關上電箱總掣。

專業指導：

Tenses Limited 室內設計顧問周耀明先生

延伸知識：

燈槽好用嗎？

天生_裝修佬—燈槽的功能及好處

假天花除了美觀還有甚麼用途？

裝修十萬個為甚麼—點解廚房廁所要整假天花？

家居燈具款式多，怎樣選擇呢？

裝修妹話你知—家居燈飾點揀好？

問題 7

不便指數：😕 😕 😕

困難指數：🔧 🔧

LED 光管要點換？ →

更換光管看似簡單，但光管的種類比一般人想像中多。首先，不少光管安裝在燈罩內，而拆除燈罩並不能「夾硬來」，否則容易損壞；然後，有些光管裝有「士撻」，可能需要更換的是士撻，而不是光管；最後，一些光管需要分清單端輸入或雙端輸入，沒分清規格，將光管倒轉安裝，便會引致短路。

→換 LED 光管教學

步驟一：拆罩

不同的光管殼，有不同的拆法。最常見的手法是按和轉。UFO 形狀的，多數是透過轉動拆下；長條形的光管殼，則有時要按下側面的膠片鬆出。

UFO 形狀燈罩

長條形光管殼

如果不清楚，又找不到方法，不要強行扯下，拍下照片，到買光管的電器店詢問，是最簡單有效的方法。

步驟二：換士撻

士撻又叫 Starter，是啟動光管用的配件，在一般家品店只需數元便能買到。有時候光管壞了只需更換士撻，可以先進行嘗試，不成功再買光管更換。注意不是所有光管都有士撻的。

將舊士撻直接拿出，有可能需要逆時針方向扭動

將新士撻放入，再順時針扭緊即可

步驟三：換光管

更換光管很簡單，但有小部分光管分為單端輸入和雙端輸入，買錯光管或倒轉光管前後安裝，都會產生危險，不止是開不著那麼簡單啊！因此請跟緊以下步驟：

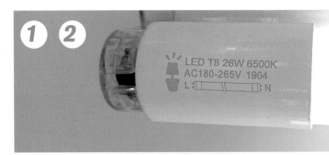

LED T8 26W 6500K
AC180-265V 1904
L   N

將光管拆下之前，留意光管是否分方向（例如一邊有字）。可在光管頭尾拍一拍照作紀錄，避免更換時倒轉方向安裝。

將光管拿去電燈店配，確保規格一樣，便不會搞錯單端或雙端輸入。

按照舊照片將光管以正確方式接上。

光管的拆卸方式是：先將光管轉動 90 度，然後拿出；安裝則調轉順序即可。

問問 裝修佬：

1. 拆下光管有甚麼要注意的地方？

答：注意光管是否處於高熱狀態。

2. 士撻是否有分不同型號和牌子？

答：是，市面會有不同型號和牌子的士撻。

3. 一般士撻會在甚麼地方買到？

答：可在電器舖或鴨寮街等地方買到士撻。

4. 辦公室的光管蓋是怎樣拆下的呢？

答：光管蓋的邊位一般會有扣位，用手指解開扣位即可拆下。

專業指導：

Tenses Limited 室內設計顧問周耀明先生

延伸知識：

怎樣可以延長 LED 燈泡壽命？

生活小百科—LED 燈泡壽命縮短的原因

選擇 LED 燈有甚麼要注意？

裝修妹話你知—原來揀 LED 燈都有學問的

LED 都有種類之分？

問問 Dr 酷 介紹 LED 燈的種類與分別

⚙ 第三部份：清潔

問題 1

麻煩指數：😕 😕 😕 😕 😕
困難指數：🔧 🔧

很多甲由怎麼辦？
有辦法全部滅除嗎？ →

　　香港常見的甲由品種分為美洲大蠊和德國小蠊。美洲大蠊是街頭甲由，就是平日街上見到，拇指大小的；德國小蠊是家居甲由，最大也不過 2cm。除非家庭環境骯髒，否則美洲大蠊不會在家中大量繁殖。後者與衛生環境無關，很多時是外帶入屋的。牠們愛在家中築巢，繁殖速度也很快。要滅絕牠們，必須用低藥性、帶傳染性的藥餌，讓牠們帶到巢中，把牠們一網打盡。

→不同滅甲由方法的真正作用：

1. 殺蟲水

大部份人家中備有殺蟲水，看見甲由時第一個能夠想到的方法通常是以殺蟲水對付，但殺蟲水只能殺滅單隻甲由，成效不高，更有研究指出繁殖出來的下一代，會是抗藥性更強的超級蟑螂。

推薦指數：＊（滿分為 5 星）

2. 用甲由磚／香茅磚

通常以天然材料及精油製作，不含化學驅蟲劑，放置於廚房、廁所等甲由出沒的地方，其散發的氣味可以減少甲由入屋及驅散甲由，但卻不能對付已在屋內的甲由。

推薦指數：＊＊（滿分為 5 星）

3. 用天然殺蟲噴霧

這類產品標榜成份天然，無色無味，對人類和寵物無毒害，用法是直接噴在甲由經過的地方。當中有效成份為是硼酸酯，原理是透過此化合物令昆蟲不能進食以致脫水而死，部份天然殺蟲噴霧亦含精油成份。

推薦指數：＊＊＊（滿分為 5 星）

4. 用甲由屋

甲由屋的原理是利用以食物或費洛蒙去吸引甲由走進，而屋內的黏膠板會將甲由黏著，難以逃走，最終死亡。甲由屋擺放地點固定，例如是廚櫃，故只能對付限定範圍內的甲由，僅適用於蟑螂較少的地方。

推薦指數：＊＊＊（滿分為 5 星）

→正確的方法及使用手法：

市面上有一款對付甲由的產品，名為「凝膠餌劑」，甲由會被帶有甜味的餌劑吸引，而主動進食，更會將「食物」帶回家，分給其他甲由，造成連鎖殺死甲由的效果。用法是以紅豆般大小劑量施打於陰暗縫隙、牆角或抽屜等甲由較常出沒處，少量多放。此方法衛生安全，使用亦十分方便快捷，範圍較大，比起以上其他方式更為有效。

施藥的地點（由施藥量多至少排列）

廚房　→　飯廳　→　浴室　→　客廳　→　臥室

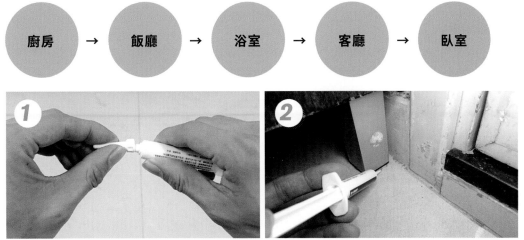

手持針筒兩端，將蓋子向外扳，折彎即可順勢拔出　　將凝膠以點的方式施用於陰暗的角落或縫隙等甲由出沒之處

問問 裝修佬：

1. 驅趕甲由後，甲由去了哪裏？

答：其實驅趕甲由只是一個「眼不見為乾淨」的方法，甲由只是在另一角落，根本不會死，就像與甲由玩捉迷藏。

2. 為甚麼會越殺越多甲由？

答：有些方法只能對付小範圍的甲由或不能解決根本問題，而甲由的繁殖速度極高，故有機會越來越多甲由。

3. 甲由最喜歡窩藏在哪裏？

答：甲由最喜歡潮濕、溫暖、陰暗的地方，但德國小蠊不像美洲大蠊那樣喜歡污糟躐蹋。但正因如此，德國小蠊更容易找到合適自己的地區棲身！雪櫃、鞋櫃、廚櫃、水渠及嬰兒高椅是五大甲由棲身點。

4. 若甲由問題太嚴重怎麼辦？

答：如果不能靠 DIY 方式解決，就要尋求滅蟲公司的協助了，以免問題繼續惡化。選擇滅蟲公司時可留意有否提供保養服務及公司是否擁有專業知識，能分析問題成因，從根源解決問題。

專業指導：
盛世家居服務公司負責人 楊明霖先生

延伸知識：

為何衣櫃會有蟲蛀呢？
問問 Dr 酷 發現衣櫃有蟲蛀可以點算好？

不想臭屁蟲入屋怎麼辦？
裝修妹話你知—點樣防止臭屁蟲入屋呢？

家中有蟎蟲又應如何處理呢？
裝修妹話你知—殺滅蟎蟲有方法

麻煩指數：
困難指數：

洗手盆邊的玻璃膠已發霉／浴磁磚膠邊已掉，怎麼辦？ →

　　無論是玻璃膠還是白英泥，都是會老化的。如果只是發霉，可以先嘗試除霉，使用合適的除霉產品即可。專用產品比漂白水更有效安全，但要區分那些除霉產品適用於哪些地方，例如多樂士防霉水是針對牆身霉菌，有些例如 3M 的除霉劑則是針對廚廁磚罅和盆邊的。而如果除霉不成功，那就要翻新了！

→翻新玻璃膠教學

🔧 準備工具：鏟刀、鑿、鎚仔、玻璃膠

用鏟刀將舊膠徹底鏟走

如果是白英泥，則用圖中手法，以鑿和鎚仔將它打掉

清理水漬後，重新唧上玻璃膠，要注意膠必須緊貼垂直面與水平面，才能有效擋水

如情況許可，也可以考慮將膠唧在盆底

1. 白英泥和玻璃膠，那樣較好？

答：眾說紛紜。筆者認為玻璃膠易造易除，白英泥變黃後較難除掉。另外，玻璃膠較白英泥耐用，因為白英泥質地硬，容易裂開。

2. 為甚麼除霉後的膠，很快又再發霉？

答：最常的原因是使用漂白水除霉。由於漂白水只能殺死霉菌上的細菌，不能殺死根部的孢子，因此幾乎可以保證很快會再發霉。

3. 唧得不好看可以怎麼辦？

答：玻璃膠用了 1/4 左右時，便可以切走玻璃膠的尾部，作為刮刀使用。如圖：

以 45 度角切出開口

用力一刀劃下去

然後用自製的刮刀去除多餘的玻璃膠。

用刮刀去除多餘的玻璃膠

去除多餘玻璃膠後的靚相

4. 唧膠後，玻璃膠很快就甩出來，這是甚麼回事？

答：最常的原因是唧膠時，表面濕水。一般玻璃膠不能用於濕水或漏水表面，要確保施工表面乾透並且沒滲水。否則就要使用專用的玻璃膠，例如「暴封膠」。

專業指導：
盛世家居服務公司負責人 楊明霖先生

延伸知識：

超短玻璃膠槍好用嗎？

裝修 J 邊啲─實測 WOODMAN 超短玻璃膠槍

應選擇填縫膠還是玻璃膠呢？

裝修知識一分鐘─填縫膠 VS 玻璃膠

中性、酸性玻璃膠哪個適合？

安東尼新手上路─DIY 用中性定係酸性玻璃膠？

問題3

麻煩指數：😟 😟 😟 😟

困難指數：🔧 🔧

抽油煙機應該
怎樣洗？ →

很多人害怕清洗抽油煙機，於是就會購買易拆洗款式的抽油煙機，倒入洗潔精水進行清潔。其實有很簡單而又清潔得更徹底的做法。不過要記得，洗抽油煙機，千萬不要「省」，刮花了抽油煙機會更易積垢和更難清潔啊！

→清潔抽油煙機教學

 準備工具：小梳打粉、溫水、報紙／膠枱布、噴壺、海綿／百潔布

關上電源—如果電線是接入牆身，那就關電箱的相關電掣

用「小梳打粉」混入溫熱的水，浸泡可以拆下的部件

在爐頭上鋪好報紙或膠枱布

以噴壺將溫暖的「小梳打粉溝水」噴在不能拆下的機件上，溶解油污滴下（不建議噴太兇）

將機件用海棉或百潔布抹乾淨，待風乾後再開機測試

問問 裝修佬：

1. 為甚麼要關上電源？

答：這是清潔電器的原則。具體來說，試過有人清潔時誤觸開關，被機件夾到手，也有因漏電造成意外。

2. 小梳打粉混水的比例如何？

答：可以一湯匙粉，一碗水為標準。如油脂較多，可以增加粉的比例。

3. 小梳打粉和梳打粉是一樣的嗎？

答：不一樣的。小梳打粉是 Baking Soda，梳打粉是 Baking Powder，別買錯了！

4. 可以用漂白水嗎？

答：不可以。漂白水會傷金屬的。

5. 是否所有抽油煙機都應用這方法清潔？

答：未必。如果可行，建議讀者閱讀官方說明書，並以相關產品的官方指引為準。

專業指導：
盛世家居服務公司負責人 楊明霖先生

延伸知識：

原來有自潔功能的抽油煙機？
裝修妹話你知—抽油煙機都識自動清洗？邊種機款最「抽」得？

想買抽油煙機，有甚麼要知道？
問問 Dr 酷 購買抽油煙機時要注意嘅地方

究竟抽油煙機要裝在甚麼位置？
裝修十萬個為甚麼—為甚麼建議抽油煙機要以最接近窗戶的距離安裝？

問題 4

麻煩指數：😣😣😣
困難指數：🔧

膠紙漬很難除掉，
有甚麼方法快速除掉？ →

　　筆者一直以為清潔姨姨對清潔產品應該十分熟悉。直到有一天，我看見清潔姨姨拿一支天拿水和抹布，猛捽桌面上的膠紙漬，進度緩慢。為了她的健康，我說「讓我來吧」。然後我一噴、一剷，不用 5 秒就將整條膠紙漬徹底清除了。本文會教大家成功除膠漬的竅門。

→除膠紙漬教學

 準備工具：除膠漬清潔劑、刀片夾

使用刀片夾（五金舖或文具店有售，約＄5）從不同角度反覆推，慢慢剷走大塊膠帶

準備市面上任何一種除膠漬清潔劑，例如：WD40、3M 天然果酸除膠去污噴劑等

噴在膠紙漬上，使用刀片夾以不用角度剷向膠紙漬「炒底」，讓膠紙漬滲透膠紙底部

漬就能使用刀片夾輕鬆剷走膠紙連

問問 裝修佬：

1. 如果不是一張膠紙，而是膠帶，不能輕鬆剷走，那又該怎辦？

答：這是由於溶劑未能滲入膠與物品表面，使用刀片夾從不同角度反覆推，便能慢慢剷走大塊膠帶，之後再一噴一抹，便可很輕鬆剷走剩餘膠漬。

2. 為甚麼天拿水不管用？

答：不是天拿水不管用，而是清潔姐姐在膠紙漬上方抹。膠紙漬的清潔原理是「炒底」，所以她欠的是一把刀片夾。當然，天拿水又臭又容易傷害物品表面，並不是好選擇。

3. 風筒有用嗎？

答：風筒的作用並不是除膠漬，而是令你撕下類似價錢牌招紙這些貼紙時，可以整塊撕走。但遇到絕緣度高的膠料時，熱力是無法到達黏合面的底部，效率也十分低。

4. 如果要大範圍施工，刀片夾的效率太慢怎麼辦？

答：可以嘗試使用漆剷。但由於漆剷較厚，未必像刀片夾那樣能切入膠漬底部，只能適用於部份膠漬。

專業指導：
莫聯鋁窗技術顧問 Jerry Lo

延伸知識：

實測日本膠紙漬去除劑
裝修 J 邊啲—除膠紙漬好幫手？！實測膠紙漬去除劑

若要除玻璃膠，可用甚麼工具呢？
問問 Dr 酷 點樣清除玻璃膠呢？

膠紙用途有哪些？
裝修妹話你知—3M 神秘密碼？！

座廁水箱不止水，
是發生甚麼問題？ →

　　廁所水箱就像是一個黑盒，你從來沒有了解它，所以以為它很複雜。其實它十分簡單，看完本文你就會懂得進行大部分的水箱維修了。

→廁所水箱結構

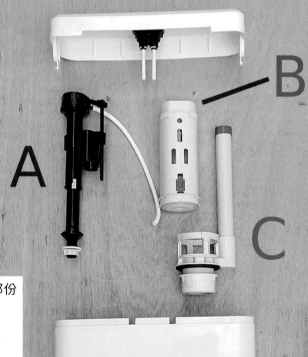

廁所水箱結構主要分為 3 部份
A 是波曲
B 是缸芯
C 是滿水喉

→維修廁所水箱的前期步驟

準備工具：一字螺絲批

① 打開水箱蓋。如果無法打開，試試旋轉或挑起沖水掣

② 有一款水箱蓋有分大細沖水掣，需先將細掣按下，再用一字螺絲批挑起大掣，才能揭開（注意重新安裝時要大細掣同時裝入）

③ 左手邊的是波曲，處理來水的問題

④ 右手邊的是水芯，處理出水的問題，例如廁水長流

⑤ 先關上鹹水掣

⑥ 沖走廁水，以開始進行維修

→更換波曲的步驟

① 將波曲的頂部打開，用熱水清洗潺垢

② 如未能解決問題，伸手到廁所底部，波曲下方的位置，以逆時針方式擰鬆波曲

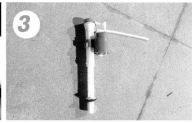

③ 將整支波曲拿去配，再安裝上廁所

→更換水芯的步驟

① 以逆時針方向扭出水芯

② 用熱水清洗膠片，看看問題是否得到解決

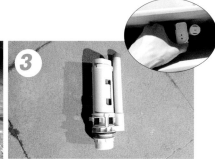

③ 如果未能解決問題，將整支水芯拿去配，再重新安裝

問問 裝修佬：

1. 我的廁所是貼牆的，手無法伸到波曲下方，怎麼辦？

答：這情況需要拆座廁，就要找師傅處理了。

2. 更換別的款式的波曲或水芯可以嗎？如何得知是否兼容？

答：洞位理論上是一樣的。但可以拆下拿去配，會最為穩妥。

3. 到甚麼地方可以買到水芯或波曲呢？

答：一般五金舖都可買到，大約數十元起。如果找不到也可以嘗試到專售廁所零件的
水喉五金店。

4. 本章操作有風險嗎？

答：關上鹹水掣看似簡單，但年期久遠的鹹水掣一扭便會因滑啞壞掉，最理想是由大
廈關掣，又或者做好可能需要找師傅維修鹹水掣的心理準備。

專業指導：
一級水喉匠 李俊輝先生

延伸知識： **沖水掣壞了**
生活小百科—更換沖水掣

 覺得水箱結構很複雜？看影片更清晰
水喉見習生—廁所水箱結構知多啲

水箱／座廁的種類

常見的座廁種類可根據馬桶水箱設計分為分體式和一體式，另一種掛牆式則較少住宅用戶選用。

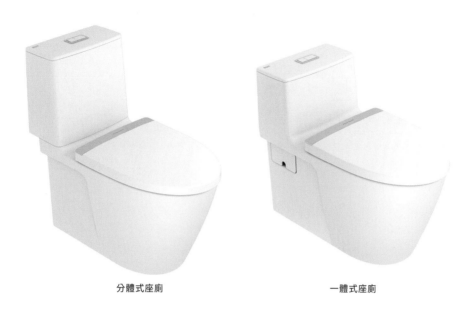

分體式座廁　　　　　　　　　　　一體式座廁

分體式座廁是指水箱與廁盤分開，安裝時需要用螺栓將兩者組合；而一體式座廁是指廁盤與水箱接成一體，無夾縫無空隙，讓清潔變得更易。一體式生產難度比傳統分體式座廁大，價格亦都較高。

American Standard – Neo Modern 分體式座廁

品牌重點產品描述：

舒適座圈設計：符合人體工學的座圈設計

雙沖水：搭配大小沖功能、除節水外，亦不失出色的洗淨效能

最適高度：最適高度設計、適合老人、孕婦及行動不便者使用

緩降座圈：安靜且安全的關閉動作

省水技術：兼具生態和經濟意義上的節水

商品閱覽

⚙ 第四部份：空間

問題 1

影響生活指數：😟😟😟

困難指數：🔧🔧

房間隔音太差，
可以做甚麼改善？→

　　這個問題常有人問，本篇希望列出所有方案讓大家自行選擇。傳統的隔音棉，就是黑色波浪紋那一種。那些不適合屋內用，因為黑色在設計上不友善、會積塵影響健康、受日光照射下也會變質，並不耐用。裝修師傅的做法是以石膏板夾著隔音棉，那工程量也太大了，其實現在市場上有很多很好的 DIY 產品。

→門縫隔音 （如果門罅比較闊，這方法是最有效的）

🔧 準備工具：隔音條、剪刀

① 到家品店或淘寶購買可輕易黏在木門邊的隔音條

② 剪裁至合適的尺寸貼在門邊

→牆身、天花隔音（對噪音和回音同樣有用）

準備工具：紙皮、牆貼／吸音板、鐵線、鎅刀

如果不擔心撕下時會損壞牆身，可以使用便宜的泡棉牆貼（又稱為防撞牆貼）直接貼在牆身

如果擔心，可以使用防止損壞牆壁的貼紙，例如 3M 雙面布膠帶將牆貼不撕黏合貼上。日後更可循環使用

除了防撞牆貼，也可以選擇市面上林林總總的吸音板

遇到不規則的邊位需要切割，可以用以下兩種方法準備量度紙樣：

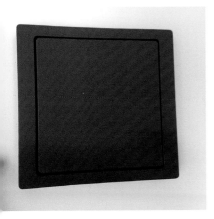

使用紙皮製作出紙樣

再將紙樣放在牆貼或吸音板上鎅出

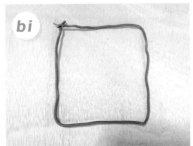

使用鐵線勾出不規則的邊界

再將紙板畫在牆貼或吸音板上，再以鎅刀鎅出

→窗戶隔音（如果本身不是隔音窗）

選用厚重的窗簾有助隔音

除了布料外，窗簾軌的類型，會決定窗簾所需的折疊量。以 S 形路軌為例，它需要三倍布才能做到，隔音自然比兩倍布好

→地板隔音

地毯是有效隔音，且是易鋪易拆的裝置

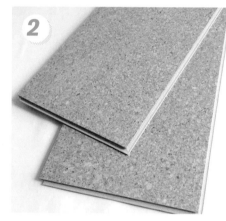

軟木地板等也可以做到同樣功能，但價格較高

問問 裝修佬：

1. 不是要密度很高才能隔音嗎？為甚麼會用棉隔音？

答：因為隔音方式有兩種，一種是反射，一種是折射。

2. 地磚還是木地板較隔音？

答：木地板。

3. 防撞牆貼有甲醛嗎？

答：要看產品說明呢。筆者檢驗過一款韓國生產的防撞牆貼，品質很好、沒甲醛，但
近年有很多仿製品，戶主應該小心了解其屬性。

專業指導：

Tenses Limited 室內設計顧問 周耀明先生

延伸知識：

隔音板都有分優劣？
問問 Dr 酷 點樣揀一塊好品質嘅隔音板呢？

間隔牆身物料大不同
度叔話你知—間隔牆身可以用咩物料呢

了解更多關於隔音的資訊
裝修妹話你知—裝修完唔隔音？DIY 隔音啦

影響生活指數：😕😕🙂😕

困難指數：🔧🔧

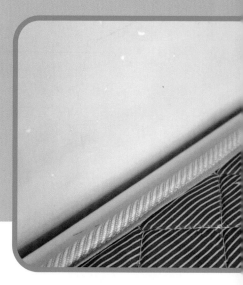

不想**手機再掉進床邊**，
應用甚麼方法？ →

　　手機掉入了床邊罅位，怎麼辦呢？網上教的方法，在現實多數都沒效。現實中，牆身並非平直，導致罅位又闊又窄，加上電話又重，一般人是無法拿回的。要不就放棄電話，要不就放棄張床，把它破壞拿回電話，兩者都損失重大。本篇不會教你從床罅拿電話，因為「預防勝於治療」，看這書的你，總不會已經將電話掉進坑吧⋯⋯

→ 處理罅隙較細的方法

填縫補罅，步驟如下：

🔧 準備工具：填縫膠、鎅刀

打斜切開填縫膠的膠咀

將填縫膠裝入膠槍

唧在縫隙上

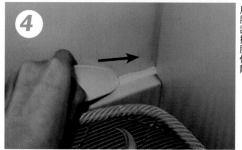
用膠刮把膠修靚

然而問題是，如果有些縫比膠咀還要闊，又或者又闊又窄，又可以如何處理呢？

→ 處理較大且不平衡罅隙的方法

🔧 準備工具：布料／海棉、填縫膠、壓咀

先用布料或海棉將隙縫填好

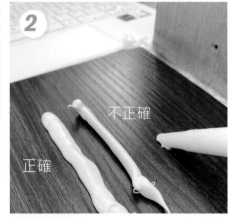

將填縫膠「打孖」唧落去，記得要用槍咀將膠壓下

不正確

正確

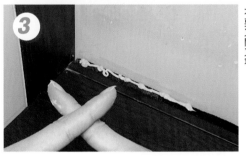

即使隙縫有闊有窄，填縫膠最好不要又闊又窄

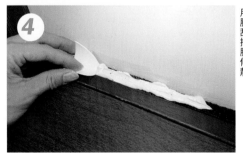

用膠刮把膠修靚

以此方法，即使是 3cm 闊的縫都一樣可以填好！不過如果縫隙真的太闊，不想浪費物料，單單是塞海棉已經可以有效避免手機掉進縫了。

1. 應該怎樣選擇填縫膠？

答：由於床和牆是兩種物料。為免填縫膠容易因冷縮熱脹扯裂，應選擇有彈性的填縫膠。

2. 如何解決床罅位粗幼不一，不美觀的問題？

答：在填好的床罅上再唧多一條膠，平均覆蓋粗幼不一的接駁口便可。

3. 如何確保唧膠平直？

答：可以在左右貼上皺紋膠紙或分色膠紙（乳膠漆牆建議用分色膠紙），唧膠後撕走便可。

專業指導：

鴻盛裝修工程公司項目總監 Ken Li

延伸知識：

可以一支膠完成家居各項維修嗎？

【家居知識】黏合、封邊、填縫的三合一膠

床的擺放位置會影響很多東西！

問問 Dr 酷 床的擺放位置

影響生活指數：😟😟😟😟😟
困難指數：🔧🔧🔧

西斜太難耐，究竟裝隔熱貼還是窗簾好？ →

　　看見網友的討論，提出的方法眾多，包括：隔熱貼、遮光窗簾、百葉簾、對流窗加抽氣扇、風扇燈、蜂巢簾、中空玻璃、隔熱窗膜。本文會介紹如何 DIY 張貼隔熱貼，然後稍為討論一下以上各種方法。

→**隔熱貼施工教學**

🔧 準備工具：刀片夾、噴壺、混和肥皂／洗潔精的水、微纖布、玻璃紙、膠刮

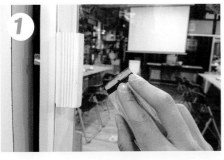

首先要徹底清潔窗戶玻璃的油脂和灰塵，可能需要利用到刀片夾

不要使用有油份的玻璃水或報紙，以免油份影響玻璃紙的黏貼

可以用水噴滿玻璃，刮或濕布抹去水份，再用玻璃水

再用不會掉毛的乾布抹乾淨玻璃（例如微纖布）

選擇好合適遮光度和隔熱度的玻璃紙

按說明書或店家指示，注意玻璃紙貼在玻璃時，是否需要四邊留邊

在玻璃上噴水，或混和了肥皂或洗潔精的水

將剪裁好的玻璃膜貼上，移好位置

手法1：是由上往下壓，然後再用膠刮（或信用卡），向左右兩方推走空氣泡

手法2：是由中間開始，用膠刮向四面刮開，推走空氣泡

問問 裝修佬：

1. 隔熱貼是否越深色越隔熱？

答：完全不是。遮光和隔熱沒有關係，應細閱不同產品提供的遮光度和隔熱度的選擇。

2. 隔熱貼施工的時間有甚麼要注意的地方嗎？

答：不要在非常炎熱的下午進行施工。

3. 要留邊和不用留邊的隔熱貼款式，在施工上有甚麼分別？

答：第一是剪裁尺寸的大小分別，不留邊的款式，需要額外剪大一點，待裱貼玻璃膜並乾透後，再鎅走多餘的膠邊（小心不要鎅到玻璃膠或者鎅花玻璃）。

4. 遮光窗簾能夠隔熱嗎？

答：能。不過同時也會 100% 影響能見度，也可能會因擋風令室內變焗。

5. 百葉簾可以調整是否好一點？

答：百葉簾能夠隔熱，也可以調整光度，但較難清潔和易壞。

6. 為甚麼窗外那麼涼快，唯有我單位那麼熱？

答：試試製造對流風，例如開動抽氣扇，同時封好大門門罅，將窗外的風引入。

7. 風扇燈是否能夠增加對流？

答：能夠發揮降溫效果，但並無製造對流，所以不及上題那樣治本。

8. 蜂巢簾的隔熱能力較好嗎？

答：非常不錯。但這類直簾遇上風會打在窗邊啪啪聲，也會因風吹嚴重漏光。

9. 中空玻璃有效隔熱嗎？

答：有效，但工程費用較高。

專業指導：
鴻盛裝修工程公司項目總監 Ken Li

延伸知識：

玻璃隔熱膜原來冬天也有用？
裝修妹話你知—玻璃隔熱膜知多啲

用窗簾好嗎？
窗簾選擇小貼士

對付西斜三大方法大比拼
問問 Dr 酷 屋企西斜 ... 點算好？

問題 4

影響生活指數：

困難指數：🔧🔧🔧

牆身有裂縫，
要怎樣填補？

→

住久了，大部份人家中牆身都有裂縫，簡單的修補方式是將裂縫剷深，然後用灰料填平，有需要可髹油粉飾。然而，不同範圍、不同深度、不同牆壁的補灰方式都大有不同。而不同類型的裂縫，亦各有處理方式。

→先了解裂縫類型

類型 1　　　　類型 2　　　　類型 3

不規則的幼細裂縫	非常規則的裂縫	又大又深的石屎裂縫
通常因一般冷縮熱脹造成，最易解決	通常涉及底材，例如新砌磚牆，磚與磚之間的接合位，又或者是兩個不一樣物料的表面造成	通常涉及結構，例如鋼鐵生鏽爆裂，不宜自行 DIY 進行維修

→ 類型 1 不規則的幼細裂縫修補教學

準備工具：漆剷、現成灰／膩子灰／石膏灰、灰匙、灰板

先用漆剷，將裂縫以 V 形剷深

在邊位以斜邊的方式修好

再剷向兩旁，將鬆灰一併剷走

批上新灰，填補坑位

情況甲：牆身鬆灰範圍不大，深度淺

解決方法：將多樂士批牆寶填上，即可解決。

原因：批牆寶分為 500g 及 1.5kg 裝，設計是為了家居作小範圍灰料修補、它具彈性，不易剝落，價格相宜，是小範圍修補的好選擇。

商品閱覽

Polycell – 批牆寶

情況乙：牆身鬆灰範圍不大，但深度超過 2mm

解決方法：用多樂士裂縫寶解決，每層可修補厚達 1cm 的坑。

原因：裂縫寶成本較批牆寶為高，但是少數能夠進行厚灰維修的現成灰料。由於它只有 1.75kg 的細桶裝，大範圍的凹坑需要其他物料輔助（見情況丁）。

商品閱覽

Polycell –
萬用裂縫寶

情況丙：牆身鬆灰範圍相當大，深度淺

解決方法：用多樂士批牆灰（分為 1kg、5kg、18kg 裝）

原因：多樂士批牆灰是膩子灰，不易發霉，大桶裝相當抵買。可以配合多樂士油漆使用。灰料與油漆使用同一系統的產品，兼容性最大，手尾最少。

商品閱覽

多樂士 Dulux – 淨味
5 合 1 批牆寶

情況丁：牆身鬆灰範圍相當大，深度亦超過 2mm

解決方法：自行調校石膏灰填上。

→ 類型 2 **非常規則的裂縫修補教學**

 準備工具：防裂紙帶、釘膠、灰料、灰匙、灰板

先找出導致裂縫的兩個表面

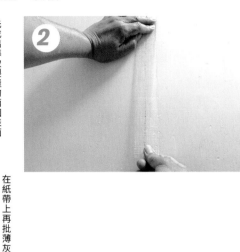

在接合位鋪上防裂紙帶（木材質可以利用釘膠黐，灰料牆身可以用灰或白膠漿黏實），或者啷填縫膠補罅。

在紙帶上再批薄灰

問問裝修佬：

1. 修補牆身可以不剷底嗎？

答：如果不剷底，那就寧可不做任何維修。因為新灰和新漆，風乾時會很容易會扯甩不實淨的灰。

2. 如果補完很快又有問題怎麼辦？

答：那代表可能裂縫的成因未有解決。可能是有較深的結構問題，又或者有滲水水源未解決。

3. 又大又深的裂縫為甚麼不可以 DIY？

答：因為涉及多重風險：施工上，有將鬆化石屎敲打，導致整塊跌下的風險；此外還有維修不夠深，導致底層問題持續，令日後有石屎崩塌的風險；最後，結構問題多數牽涉較深層滲水水源問題，最好由專業人士檢查，以確保根治問題。

專業指導：

鴻盛裝修工程公司項目總監 Ken Li

延伸知識：

剷底批灰這麼麻煩，有其他方法嗎？
用神奇補牆膏修補牆身有冇效？

裂縫可能是因結構問題而產生？
洛基解密—牆身爆裂的原因

常用現成灰哪款較適合住處？
安東尼新手上路—修補牆身用到的三種現成灰

→牆身大範圍起泡剝落，要怎樣修補？

牆身起泡或剝落，多數都涉及滲水問題。在第一部份，我們已經提及不同滲水問題的來源和處理的步驟。在上篇也提及了牆身裂縫剷底批灰的處理方式。本篇特別介紹，當要進行大範圍維修時，有甚麼注意的事項吧！

1. 剷底要落剷牆劑？

一般 DIY 剷底我們不建議落化學溶劑，因為我們的目的是剷走鬆灰，不落溶劑直接剷便可。落溶劑雖然較徹底，但亦容易「小事化大」。然而，如果打算重造整幅牆的批盪，落溶劑不但可以節省工時，更可以減少有手尾的可能。師傅一般用化白水，由於化白水非常之臭，施工要注意還風。

2. 批灰之前要落司拿？

水性司拿（sealer）於五金店有售，可以確保新舊灰又或者灰與漆「相食」。小範圍的維修可以不落司拿，但大範圍就一定要，否則很容易因咬不緊而大幅剝落。市面上亦有代替司拿的產品，但注意要選擇水性的，不然會有 VOC（揮發性有機化合物）問題。另外，不少師傅都以司拿代替底漆，但同一牌子的底漆相比司拿，兼容度肯定更佳。既然價錢相差不遠，建議選用同一牌子整個系統的產品。

了解以上兩個注意事項，又剷底之後，可參考第四章第一部份實行 DIY 翻新牆身了。

專業指導：
鴻盛裝修工程公司項目總監 Ken Li

⚙ 第五部份：五金

影響生活指數：😣 😣 😣
困難指數：🔧 🔧

趟門路軌不順，怎麼辦？ →

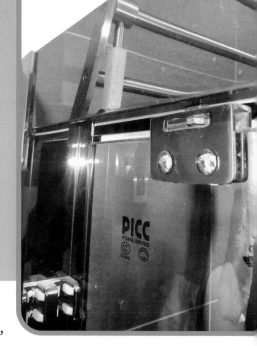

　　趟門路軌不順，可能發生在浴屏或廳房門，問師傅，十個有九個都說「要睇情況」。我心想：「咁多情況，不如講一樣可以嘗試 DIY 的方法啦！」本文就講一樣筆者遇到的情況，是大家可以 DIY 的。

　　趟門趟不順，很多時不是路軌或門出問題，而是接合雙方的配件。如果你用力提高門，門會比較容易趟，那就試試本文的方法吧。

→趟門路軌不順的處理教學（玻璃浴屏）

 準備工具：尖嘴鉗

用力提高門，同時用手指將螺絲帽轉動，直至緊實。（留意可調較上下兩粒螺絲）

放下門，檢查是否更順暢

如果是螺絲帽扭到最緊容易再次鬆動，再用尖嘴鉗把（避免

111

問問 裝修佬：

1. 如果是房間的玻璃趟門怎麼辦？

答：與上面教學一樣，如果平水出現問題，找出螺絲帽收緊，直至達到平水，便會順暢如初。

2. 如果不是平水出問題，可以怎樣維修？

答：在接駁滾輪上塗上雪油（五金店有售，一般是瓶裝），減低磨擦力。建議使用雪油，因為某些潤滑油會溶解趟門的膠輪。

專業指導：
鴻盛裝修工程公司項目總監 Ken Li

延伸知識：

原來安裝趟門也需要足夠空間？
裝修十萬個為甚麼—安裝趟門有咩要注意呀？

裝浴屏都有很多學問？
裝修十萬個為甚麼—企缸想整浴屏有咩要注意呢？

揀適合的浴屏原來有這麼多學問？
天生_裝修佬—教你揀個啱洗嘅浴屏

問題2

影響生活指數：😣 😣 😣

困難指數： 🔧 🔧

櫃門有罅隙不能緊閉，
怎麼辦？ →

　　目前市面上傢俬的門鉸，絕大部份都是「甩尾鉸」，用手按下它的尾部便會彈出，不難自行摸索。但很多櫃門都在高處或邊位，不易用眼睛去觀察得對按鈕位置。所以，如果家中有位置不太偏的傢俬櫃門，可以嘗試練習拆裝，熟習了它的結構和裝鉸的手法，便不怕維修位置較偏的櫃門了。

　　衣櫃門有罅隙不能緊閉，我想到三個可能：

1	櫃門鉸鬆脫
2	櫃門鉸斷裂
3	櫃門移位

→櫃門鉸鬆脫的解決教學

 準備工具：螺絲批

先嘗試直接將扣位套入重裝

如果不成功，將櫃門小心拆下，觀察鉸位接駁鈎是否有斷裂

如沒有，那是手法問題，可用同一個櫃另一道完好櫃門進行練習：將門鉸「甩尾」鬆出再套入，掌握角度和技巧

熟習後，再次嘗試將扣位套入重裝

→櫃門鉸斷裂的解決教學

🔧 準備工具：螺絲批

將櫃門拆下，再鬆螺絲拆下門鉸

將損壞了的門鉸拿到五金店配一個

重新安裝門鉸到櫃門

將櫃門重新安裝上櫃（需要另一人扶穩櫃門）

→櫃門移位解決教學

🔧 準備工具：螺絲批

扭鬆門鉸上較裡面那顆螺絲，將櫃門按需要前後移動，再扭實

扭動門鉸上較出面那顆螺絲，櫃門會左右移動，調至最合適位置便可

問問 裝修佬：

1. 如果是 3 隻鉸，處理櫃門移位的施工有甚麼不同？

答：前後調整的話，需要同時扭鬆包括中間鉸位在內，至少兩個門鉸上較裡面的螺絲，才能進行調整。

左右調整方面，亦需要同時扭鬆兩個鉸位的螺絲，因此需要輪流一圈一圈慢慢調整。又或者兩人同時對兩粒螺絲進行調整。

 專業指導：
鴻盛裝修工程公司項目總監 Ken Li

延伸知識：

 櫃門閂唔實？
安東尼新手上路─櫃門閂唔實可以點算好？

 WD-40 除了潤滑門鉸還有甚麼作用呢？
裝修 J 邊啲─實測 WD 40 萬能防鏽潤滑劑

 行內術語「蓋柱」和「入柱」甚麼意思呢？
問問 Dr 酷─木櫃櫃門的製作形式

影響生活指數：😣 😣 😣 😣

困難指數：🔧 🔧 🔧 🔧

大門下墜不能關門，
怎麼辦？ →

很多人提問都未有提供關鍵資料，反映他們不懂得分析問題。比如有人問「大門下墜怎麼辦」，但卻沒有說明前因後果。比如說，是新買剛安裝好的門、是用了 3 個月後的新門，還是用了 20 年的舊門呢？是整道門歪了下來，還是門邊位發脹了呢？

不同情況，原因都不一樣。但大致來說：

A. 門鉸壞

如果觀察門沒有發脹，那應該是門鉸出事，看看鉸位螺絲是否鬆了，可以扭緊、換鉸，或加鉸處理。

B. 門發脹

如果發現只是門的一邊發脹了，那則需要拆門打磨或切割，同時避免水源令它再次發脹。

→維修門下墮（A 情況）教學

🔧 準備工具：螺絲批／電批

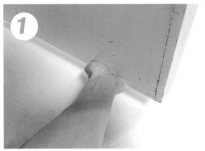

確認將門向上托時，可減低關門受阻的情況

將門向上托，同時收緊接駁位螺絲

測試收緊螺絲後，情況是否有改善

如果沒有，就需要拆下大門，再拆下門鉸更換新的了

→維修門下墮（B 情況）教學

🔧 準備工具：螺絲批／電批、粗砂紙／電動打磨機、幼砂紙、微濕布、木器漆、油掃

拆下大門

使用粗砂紙（80 號黑砂）或電動打磨機，或任何打磨工具，將門磨平（或切割凸出部份，但較難 DIY）

再用幼砂紙（如 220 號黑砂）打磨至足夠平滑

用微濕布清潔好灰塵待乾

塗上木器漆以保護木門避免受潮，待乾後就可以重新裝上大門

問問 裝修佬：

1. 如何選擇木器漆？

答：清漆是透明的，好處是能保留舊油漆顏色。而磁漆和手掃漆則是有顏色的，可以遮蓋原有顏色，同時磁漆相對硬，更防刮。磁漆比較易見掃痕瑕疵，手掃漆要薄油多層、難度甚高。另外，不同油漆有不同光亮度。例如高光／半光／低光（或稱啞光），一般來說應該選擇啞光，避免影響木材觀感。

專業指導：

鴻盛裝修工程公司項目總監 Ken Li

延伸知識：

木門原來有不止一款？

大門應該用邊種類型木門好呢？

裝修想慳錢？翻新木門就不用換新門

度叔話你知—翻新木門我有計

第三章

增添家居
設備篇

「家居設備使用起來總是不就手，
不方便？是時候自行安排一下了！」

⚙ 第一部份：增加收納空間

問題 1

改善生活指數：📊 📊 📊 📊
困難指數：🔧 🔧 🔧

想**加層架在石屎牆上，**應該怎樣做？ →

　　一本 DIY 書，怎麼可能不教鑽孔裝層板呢？關於電鑽、膠塞及螺絲這些工具物料的辨識和規格，將會在之後插頁詳細介紹。本文則會集中說明不同情況下，層架應該怎樣裝。

→**安裝層架教學**

 準備工具：金屬探測器、油壓鑽、電批／十字批、拉尺、平水尺、筆、鎚仔、銼刀、背板、層板、接駁配件、綠色膠塞、螺絲

步驟 1：辨別牆身的承重

實心石屎牆	低密度牆	空心牆	實心牆中有空心（鑽入時感覺結構突然鬆散）
能夠正常承重	例如輕磚，行內不建議用於承重（如安裝掛牆電視），但亦有不少人照裝中等或小型（42 吋或以下）的電視	不能承重，但可以在空心牆的實心結構的位置進行低強度的承重	如果遇到空心結構，需加鑽其他實心位置，或調整安裝位置

步驟 2：辨別背板及層板的承重

纖維板	夾板	低密度板
越高密度越承重，低密度纖維板又稱庶渣板，承重力差	輕身但承重力佳，尤其細芯比大芯更能承重	密度低的木材（例如刨花板），承重力一般

步驟 3：選擇承重的五金配件

狗臂架	角碼	爆炸螺絲
承重力最佳，但最不雅觀	承重力佳，亦不致影響觀感	外表最雅觀，但難以移除

步驟 4：進行金屬探測步驟

1. 閱讀說明書，並了解探測點位置和深度限制

2. 調校至金屬探測模式

3. 先於外牆（有鋼筋地方）掃瞄，確保金屬探測器運作正常才掃瞄目標牆身

4. 緩慢地反覆來回掃瞄牆身三次，獲得一致結果為之可靠

金屬探測器

步驟 5：度尺

按層板和視點的高低，決定將角碼裝在層板上方還是下方（圖為示意圖，實際施工需確保狗臂／角碼的尺寸匹配）

利用平水尺的協助，用鉛筆在牆身畫上水平線

對上角碼，在角碼孔上，用筆或尖錐填滿顏色作為記號

步驟 6：鑽孔

在記號的中心點落鑽咀。可以考慮用幼身鑽咀增加精準度

手向前用力把電鑽壓向牆身，以「唧一下，停一停」的方式，準確定位

維持電鑽開動狀態，反覆抽出灰塵

將油壓鑽保持水平，使用 6.5mm 石屎鑽咀鑽入最少 1.5 吋深度，可先在鑽咀貼上皺紋膠紙作為記號，方便知道鑽入深度

步驟 7：搣膠塞

將綠色膠塞用鎚仔打進牆壁

如果難以打進，可以先用鎅刀將膠塞的頭部切斜

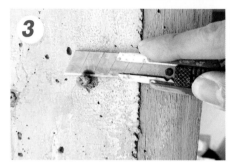

如果膠塞太長，可以用鎅刀將多餘的膠塞切除，如果膠塞凸出太多會影響承重

步驟 8：上螺絲

將螺絲連層架收進牆壁

如果膠塞位置有少許差別，亦可打斜收進螺絲

用短螺絲鑽入層板，不要鑽穿層板

問問 裝修佬：

1. 甚麼情況下需要用拉爆螺絲代替膠塞？

答：拉爆螺絲由於難以移除，除了是垂直安裝在天花，並且會搖動或發熱（會令膠塞變軟）的重物之外，並不建議使用拉爆螺絲。只要安裝正確，膠塞的承重力是非常之高的。

2. 貴價平價的金屬探測器有甚麼分別？

答：市面上的金屬探測器由數十元到數千元不等。筆者曾使用多個牌子的金屬探測器，認為 $100 以下的絕對不能使用，$600-700 可以買到著名電動工具牌子的探測器。但近年，WORX 推出了 $300 左右的金屬探測器，是市面上最便宜、耐用又體積纖小的理想家用選擇。

3. 膠塞老化會導致層板塌下嗎？

答：膠塞會老化，但老化只會令膠塞變脆，並不會導致層板塌下。

4. 如何判斷層架的承重能力？

答：層架承重能力受背板、牆身、膠塞深度、角碼強度、層架長度以及環境因素等影響，即使是工程師都不可能精準計算承重力，但可以留意最弱一項是甚麼，而進行相應的強化或加固，例如擔心牆身受力，可以增加螺絲數目。

5. 遇上空心牆怎麼辦？

答：除了上面提及，可以加鑽其他實心位置，或調整安裝位置外，亦可以用天花或地面分擔承重。比如安裝扶手，大街上的扶手不都是由地面拉上來的嗎？

專業指導：
永興盛工程有限公司 項目總監 Sam Yeung

延伸知識：

究竟在主力牆鑽窿合法嗎？

主力牆可唔可以鑽窿？（裝修 FAQ）

用哪一款電鑽鑽牆較方便？

安東尼新手上路—用衝擊鑽、油壓鑽鑽石屎牆有咩分別？

怎樣使用金屬探測器才算正確呢？

安東尼新手上路—使用金屬探測器要注意嘅事項

裝修佬提提你

如何不用拉爆螺絲安裝沙包上天花？

上文提到，筆者不建議用拉爆螺絲安裝重物上天花。這除了因為怕重物掉下之外，也因為你根本不知道天花會否有結構鬆散的問題，又或者不小心打穿樓上層地台的喉管，那就非常麻煩了。

你可自行安裝承重力足夠的鐵支架，將沙包掛上，又或者以安裝狗臂架的方式，連沙包全套購買和安裝。

高空瑜伽又如何？由於施工始終有不確定性，而高空瑜伽的動作，不乏頭部向下，基於生命風險代價無限大，筆者無論如何都不建議 DIY。事實上，即使是師傅都無法完全掌握牆身結構的狀況和未來變化。市面上的高空瑜伽中心的承重結構，並非兩粒螺絲那麼簡單的。

問題 2

改善生活指數：📊📊📊
困難指數：🔧🔧

想**加層架在浴室磁磚上**，應該怎樣做？→

在廚房，除安裝層板以外，還有很多增添儲物空間的選擇；但在浴室，如果想將額外的沐浴瓶或沐浴裝置放好，特別是在企缸內增加置物空間，選擇就不多了，但在浴室鑽孔真的可以嗎？

如果是在企缸範圍內，就不建議鑽牆打膠塞了。但原因並不是像一般人所說，擔心鑽孔位會入水，其實只需要在高位鑽孔，或者用玻璃膠封好便能解決。我們真正擔心的，是同一牆壁的防水膜會被震損。那有沒有其他方法？方法可多著呢！

→選擇 1：用膠塞的步驟教學

🔧 準備工具：金屬探測器、背板、層板、接駁配件、平水尺、筆、油壓鑽、綠色膠塞、鎚仔、螺絲、鉧刀、玻璃膠

像上文教學一樣進行層板／層架安裝

如有需要，可以在鑽孔位置的接駁位封上玻璃膠，以防入水

→選擇 2：用玻璃膠／釘膠黏好層板／層架教學

 準備工具：玻璃膠／釘膠、層板

適用條件：如果物件與牆身接觸面足夠，而承載物件亦不是十分重，可以用玻璃膠當作膠水黏上牆壁。在底部黏上不銹鋼角碼以加強承重。

如果達不到以上條件，可以用釘膠黏上牆壁，穩固度會提升，但就不能像玻璃膠那樣無痕移除。

→選擇 3：用吸盤

 準備工具：吸盤

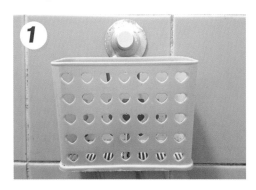

適用條件：如果磚面完全水平，而承載物件亦不是十分重（又或者置物架會座地，施工只是輔助承重），可以使用吸盤。

要注意相關產品是否能防止水分走入隙縫，如果不能，可以使用玻璃膠直接將吸盤黏在牆身。

問問 裝修佬：

1. 將木板裝在浴室，不會受潮嗎？

答：當然可以使用其他物料。如果真的使用木板，也可以在表層塗上水性清漆或者磁漆作保護。

2. 市面上有些吸盤聲稱能在不完全平滑的表面吸附，是否真確？

答：因為吸盤的吸附力會漸減，因此即使有實物示範，亦很難一概而論，最理想還是參考實質用家的意見。

3. 為甚麼我看不到家中安裝於牆身的五金配件邊位有唧膠？

答：其實少量濺水不會導致滲漏，因此，只要五金配件安裝在一定高度，水份注入膠塞內部的機會很低，因此多數不會需要唧膠處理。

專業指導：

永興盛工程有限公司 項目總監 Sam Yeung

延伸知識：

三大類膠塞有甚麼分別？
裝修華工作室—膠塞的種類與用途

用釘膠裝層架詳細教學
康樂窩—無需鑽窿都安裝到嘅層架

介紹電鑽、鑽咀、膠塞及螺絲

→如何選購電鑽？

電鑽買得對，除了可以一勞永逸，不用翻手再買相似的工具，更可以大大節省金錢和儲物空間。以下是筆者多年購買電動工具的心得，任何一樣都足以立即回本，品牌亦絕對耐用夠用，既是住家性價比之選，同時亦能應付師傅施工需求。

油壓鑽 →

鑽石屎必須，因為擁有打鑿功能，亦可作夾頭電鑽用途。

夾頭電鑽 →

除石屎以外，能鑽入絕大部份的材質，輕鬆方便。

淨電批 →

不能鑽孔。主要用來上不同類型的螺絲，包括六角匙螺絲。

有線的電動工具，比較便宜；但建議大家購買無線的電動工具，會方便很多，使用上絕對有助你省時省力。電動工具可用很久，是絕對值得的！

WORX WU130
夾頭電鑽 →

✓ 較前代輕巧、短身、強力、加上無碳刷升級，更高效耐用，有心 DIY，電鑽屬家居必備，擁有了絕不會後悔。

✓ 慳位、好力、多用途！

WORX WU380S
油壓鑽 →

✓ 帶有免換鑽咀鑽瓷磚功能，真正「一把鑽做晒所有嘢」。

✓ 無碳刷升級，較前代效率更高、耐用、省電、噪音低。

WORX WX240
淨電批（筆型）→

✓ 最節省收納空間的電動工具，價格最便宜、批咀最齊全，純電批中的性價比之選。

✓ 唯一弱點是彎位施工較槍型電批弱。

WORX WX254.4
淨電批（槍型）→

✓ 內置批咀，槍形設計食力，易操作，好睇又好用。純電批之中的皇牌，用落最舒心的電批。

✓ 絕對會成為家居最常用的電動工具，不懂 DIY 的家人也會愛不釋手。

油壓鑽＋夾頭電鑽
（兄弟套裝）→

✓ 分享電池的組合，幾乎是「買一送一」。

✓ 節省收納電池和差電器的空間。

✓ 附帶工具箱及批咀，一箱「搞掂晒」！

WORX WA1601
集塵器＋定位器 →

✓ 配合油壓鑽使用，可無塵鑽牆，免自己和家人吸入粉塵、免吸塵機吸灰報銷、免事後抹牆拖地之苦。

✓ 定位神器，增加施工質素和效率。

→如何選購鑽咀？

牌子

像鑽咀這些輔材，即使價格相差一倍，都只是數十元，但效率和耐用度都會增加不少。因此建議大家購買較優質、硬度較高的鑽咀。

種類

四種家居最常用的鑽咀如下：

鋒鋼鑽咀	石屎鑽咀	雲石令梳	木工鑽咀
鑽咀咀身鎅手，用於切割，可鑽金屬和木材；如果想鑽硬度特高的金屬如不鏽鋼，則需要選用「黑金鋒鋼鑽咀」或「不鏽鋼鑽咀」（不同稱呼）。	鑽咀咀身不鎅手，咀頭加厚，用於打鑿石屎。	令梳常用於木門開孔；雲石令梳則又稱為瓷磚鑽咀，手頭以打磨方式鑽瓷磚。	和鋒鋼鑽咀類似，咀身鎅手，用於切割，但不能鑽金屬。

尺寸

鋒鋼鑽咀、木工鑽咀：建議購買一套不同粗幼的鑽咀，應付不同情況。

石屎鑽咀：只需購買 6.5mm 粗度，配合綠色膠塞使用。

雲石令梳：可以購買 8 號尺寸的，配合 6.5mm 鑽咀和綠色膠塞使用（令梳尺寸較大，可避免使用石屎鑽咀鑽入石屎時撞擊瓷磚邊）。

→如何選購膠塞？

1. 不同顏色的膠塞粗幼度不一，用來配合不同粗幼度的螺絲。
2. 最常見的綠色膠塞，配國際通用的 6.5mm 鑽咀（6-7mm 也可以），及香港的 8 號螺絲。
3. 建議大家只購買綠色膠塞，因為可以減省購買不同粗幼鑽咀和螺絲的成本，亦可避免因施工時不小心錯配，令膠塞安裝失敗，致吊櫃或層架跌下。
4. 不用擔心綠色膠塞受力不足，如有需要加強，可以透過增加螺絲數目及鑽孔深度輕易解決。
5. 建議購買兩吋裝，太長可以切短，太短難以駁長。

→如何選購螺絲？

鋼牙螺絲

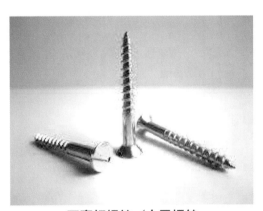

石膏板螺絲／木牙螺絲

1. 一般螺絲分為鋼牙螺絲和石膏板螺絲，前者堅硬普遍，建議採用；後者又叫木牙螺絲，只有前端約五分三地方有螺絲紋，由於較尖，或可加快施工速度。
2. 建議選購扇牌螺絲，公認堅硬耐用。
3. 粗幼長短可按需要而定，要注意螺絲不是越粗越好，6 號或以上的螺絲，建議在鑽入木材之前在木材上鑽孔，以免木材被迫爆。

⚙ 第二部份：更換／安裝電視機架

問題

改善生活指數：📈 📈 📈 📈

困難指數：🔧 🔧 🔧

想**更換／安裝電視機架**，應該怎樣做？ →

　　安裝掛牆電視機架是實用的 DIY 技巧，一來步驟簡單，新手施工也能媲美師傅（最多花多一點時間）；二來需要配備的工具亦不多，只需金屬探測器和油壓鑽；三來亦有價有市，單是學會安裝掛牆電視，已值回本書書價了！

　　掛牆電視機架可以分為可轉動方向的和不可轉動方向的。前者的安裝技巧已被安裝層板教學所涵蓋，本文集中介紹後者。

→安裝電視機架教學

 準備工具：金屬探測器、油壓鑽、平水尺、筆、綠色膠塞、螺絲

1 先確保牆身實淨，並非空心或低密度牆

2 先將電視機架和電視機模擬放上牆，確認位置和高度正確

使用金屬探測器探測牆身金屬（請參考第三章第一部份「金屬探測步驟」）

將平水尺放在電視機架上方，再標記好鑽孔位置

上螺絲，在螺絲和電視機架的孔洞之間，需要安裝電視機架的「戒指」配件

使用 6.5mm 鑽咀鑽孔（請參考第三章第一部份「安裝層架」），再揼上膠塞

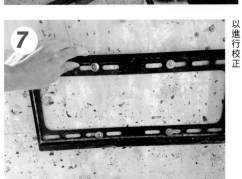

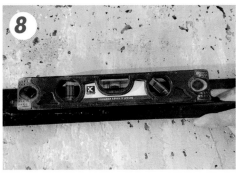

利用平水尺的協助，確保將電視架移至完全水平

由於石屎鑽孔難以完全精準，所以第一次上緊螺絲後會通常出現歪斜問題，可以在這時將每粒螺絲鬆半圈，以進行校正

再次收緊螺絲，施工便完成

問問 裝修佬：

1. 為甚麼電視機架上有那麼多孔洞？

答：這是為了提供更多鑽孔位置的選擇，讓施工者避免將螺絲鑽入金屬位置。

2. 需要鑽多少螺絲和深度？

答：並沒有既定標準，一般安裝 4 粒或以上兩吋螺絲，但可以按需要調整。

3. 電視機應該裝多高？

答：坐在梳化或椅子上看電視的水平線。

專業指導：

莫聯鋁窗技術顧問 Jerry Lo

延伸知識：

如何水平地裝上層架？
裝修華工作室—安裝層架最簡單嘅方法

鑽孔工具推薦
WORX WX317.3 工具套裝—度叔砌個靚層架

怎樣使用平水尺才準確？
生活小百科—介紹水平尺

⚙ 第三部份：安裝窗簾

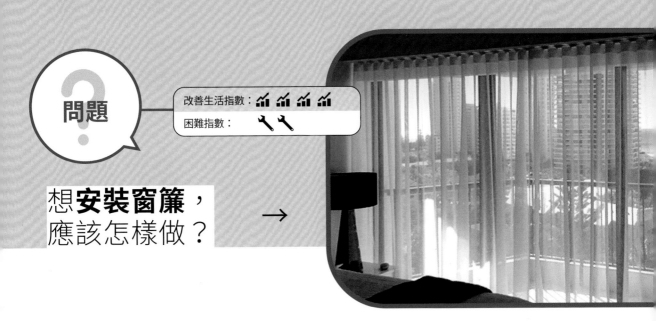

問題

改善生活指數：📊 📊 📊 📊 📊

困難指數：🔧 🔧

想**安裝窗簾**，
應該怎樣做？ →

窗簾就像是單位的衣服，掛一幅自己心愛的窗簾，滿意度保證高！選窗簾絕對不止是選布料，不同路軌、摺工，就像不同風格的衣服那樣。想為單位換裝，你也需要懂得安裝窗簾的竅門。

安裝窗簾，可絕對不是考鑽孔啊！

→選擇和購買窗簾步驟

1 選定路軌類型和窗簾類型。

2 如果是半腰窗，窗簾長度需要達到窗下20cm，才能有效遮光。

3 如果是落地窗，窗簾不要到地，下方預留大約1-2cm，一來視覺效果較佳，二來有些布料會因重量，慢慢拉長，不想拖地的話還是預留一些距離較好。

4 如果選擇布簾的話，窗戶闊度多於1.2m，建議用雙開窗簾；少於1.2m，則可考慮用單開窗簾。

5 窗簾路軌有很多，最簡單的是直接使用伸縮管頂著牆身兩邊，在管身掛上窗簾。這方法好處是免鑽孔，但受限於兩邊牆身的距離，超過2m闊便不容易了。

鑽孔入天花

鑽孔入牆

6 鑽孔式安裝分兩類，第一是向上裝，鑽孔入天花；第二是鑽孔入牆，兩種都各有多種路軌款式。

7 購買合適的窗簾和路軌後，便可開始安裝了。

→安裝窗簾步驟（以安裝托架為例）

 準備工具：平水尺、油壓鑽、鎚子、綠色膠塞、螺絲

1 在牆身以平水尺的協助，度出窗邊 15cm、窗上 10cm 的點作為托架安裝的高點

2 以 6.5mm 鑽咀，鑽入牆身約 1.5 吋

3 用鎚子揼進膠塞，收螺絲安裝托架

問問 裝修佬：

1. 安裝托架，掛上窗簾通後，窗簾受震時會否容易掉下？

答：可以在窗簾通的上方收螺絲阻擋。

2. 安裝窗簾要考慮承重嗎？

答：石屎食力沒問題，但如遇上石膏板，便需使用專用膠塞，打在牆身（天花石膏板則不建議安裝）。

3. 位置方面，安裝窗簾應盡量貼窗嗎？

答：可留意鋁窗手抽位在窗簾布下隆起，影響美觀性。

專業指導：

The Curtain 窗簾設計師 Kenji Leung

延伸知識：

百頁窗簾適合自己嗎？

裝修妹話你知—點樣揀窗簾？ 窗簾種類你要知

驗收是發現窗簾裝不好怎麼辦？

窗簾唔貼地，可不收貨嗎？

揀布料都有學問？

點樣提高購買窗簾嘅性價比呢？

⚙ 第四部份：增加浴室防滑

問題

改善生活指數：⚒ ⚒ ⚒ ⚒

困難指數：🔧 🔧 🔧

浴室太滑，**想換 防滑磚？** →

　　浴室太滑，想換防滑磚？不需要進行泥水工程那樣複雜的！學習 DIY 的要點，工藝只佔一半，另一半是對 DIY 物料的認識！本章介紹一種能夠提高瓷磚防滑度的 DIY 產品。市面上有不止一款類似產品，筆者認識兩個品牌，一個是大家都認識的 3M，另一個差不多的名字，叫 3S。

　　一般瓷磚倚賴粗糙的表面進行止滑，但止滑劑卻是透過在磚面上製造「微米防滑孔」做到防滑效果，越是在有水的地方，效果更加明顯。

　　家居環境中，甚麼情況下需要使用止滑劑？

　　1. 發覺浴室很跣腳，但不想進行規模龐大的泥水工程

　　2. 夏天樓下開冷氣，單位地磚上出現冷凝水，無法輕易解決下，最少不會跣腳。

→止滑劑施工教學

 準備工具：止滑劑

1 按照家中地面材質，和防滑度的需要，選用合宜的型號來施工

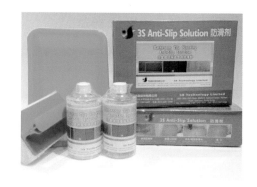

2 將地面弄乾，如有蠟質或油質需要先清除

3 無需稀釋中和，使用附送的工具，在地面上平
均塗上止滑劑

4 施工速度要慢，確保水劑平均地塗抹在地面

5 等待十分鐘後，沖水並進行測試

問問裝修佬：

1. 施工會影響地面外觀嗎？

答：大部份的產品都不會，但不同產品或有差異，請看具體產品說明為準。

2. 效果是否永久？

答：視乎環境，如果數年後發覺防滑度下降，再次施工便可。

3. 施工後，清潔地板的方法需要改變嗎？

答：仍可用任何清潔劑清潔地板／地磚，但不可打蠟，因為會完全阻隔防滑孔。

專業指導：
莫聯鋁窗技術顧問 Jerry Lo

延伸知識：

 工作環境都需要防滑？
3M 專業礦砂安全防滑貼有咩用途呢？

 不想家居環境濕轆轆？
【裝修學院】裝修佬實測系列（6）呼吸磚的吸濕功能

⚙ 第五部份：增加電位

問題

改善生活指數：	📈 📈 📈
困難指數：	🔧 🔧 🔧 🔧

想**增加電位**，應該怎樣做？ →

　　分享與電相關的 DIY 知識，常常惹人垢病：「駁電犯法㗎！」「如果有人電死係咪你負責？」。但在很多國家，包括鄰近的澳門、大陸、台灣，卻沒有相關法例規管，亦有很多人分享駁電的操作。基於本書讀者未必身處香港，而認識相關 DIY 知識，總比不認識更安全（至少不會網上看看影片便亂做），希望透過本篇與電相關的文章，可以為大家打開這個黑盒子。

→電工知識掃盲

1. 插蘇位只是入了牆的拖板，兩者結構是一樣的（都是接駁地中火三條細電線）
2. 因為結構一樣，插蘇位背後也是同樣接駁著拖板電線內的**三色電線**。

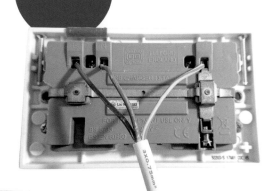

插蘇位結構

拖板結構

單插座結構

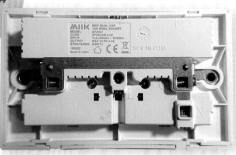

雙插座結構

3. 因此，單插座和雙插座，結構也是一樣的（都是接駁地中火三條細電線）。

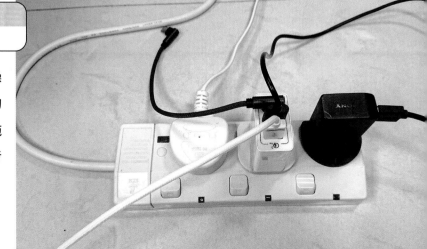

USB 插蘇面

USB 插蘇面底部

4. 有 USB 和沒 USB 的插蘇位，結構也是一樣的，電線也是一樣的駁。

5. 能負載多少電量，與駁電師傅從電箱派多少電相關，與是拖板或是兩個單掣，或是一個孖掣無關。

→增加電位 1：拖板掛牆

改善生活指數： ⏰ ⏰ ⏰
困難指數： 🔧 🔧

　　拖板掛牆不涉及電力操作，卻是管理電位和電線的實用技巧。如果你家中的拖板和電線散落在地，不妨考慮一下將它「黐上牆」吧！

安裝掛牆拖板教學

 準備工具：皺紋膠紙、墨水筆、金屬探測器、尖錐、電鑽、膠塞、螺絲

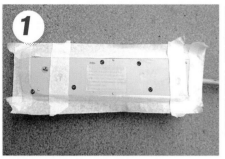

用皺紋膠紙沿著拖板邊，水平貼在拖板背面，膠紙必須覆蓋打算掛上拖板的螺絲位

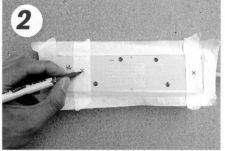

在拖板底部「倒T位」的位置用墨水筆在皺紋膠紙上標上記號

撕下皺紋膠紙，貼在牆身「你希望將拖板安裝的位置」的高度。（注意用金屬探測器確保位置可以鑽孔）

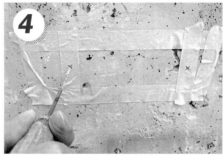

用尖錐刺入皺紋膠紙的記號位

接著便是大家已學會的鑽孔、打膠塞、上螺絲

最後，將拖板掛上牆身。大功告成！

→增加電位 2：電位入櫃

改善生活指數：⏱⏱⏱⏱
困難指數：🔧🔧🔧

　　新櫃或改動傢俬位置時可能會有電位被遮蓋的問題。希望將電位「搬」出來？不用打坑找師傅，有兩個方式都可以做得美美的啊！

電位入櫃教學

方法 1：在櫃內開洞，將電位「露」出來

　　若要使用被櫃遮蓋的電位，一般人都會在櫃背和牆身預留一些空間，然後插上拖板，把拖板從櫃背拉出來使用。這種方法會令櫃背和牆身之間空隙很大，相對不美觀，而且積塵。現在教大家直接在櫃身開洞（如圖），讓電位在櫃內露出來就能直接使用。

（問：上圖的開孔方式有什麼錯誤？）

 準備工具：尺、Worx 萬用寶

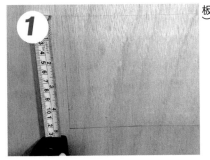

小心量度好尺寸，開洞需要考慮插頭的電線空間，在插座底部最少開多一吋（上圖未有預留尺寸，插頭電線會頂著櫃背板）

拿出 Worx 萬用寶，安裝好震動鋸片

③ 以鋸片的尖端入木，協助準確開位

④ 以圓頭鋸片增加效率，切出長方形

方法 2：穿越櫃背，將電位「引」出來

若果櫃背和牆身之間空隙對你來說並不是問題，反而是拖板從櫃背繞出來出現夾電線問題，或是電線散落在地上令你覺得礙眼，現在教大家把電位直接藏在櫃內的方法。

A. 櫃內藏拖板

準備工具：螺絲批、電鑽、玻璃膠

① 將拖板插蘇拔離插座（斷電）

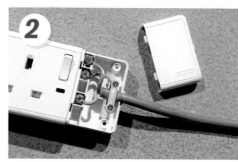

② 打開拖板底蓋（一般只需鬆出近邊兩粒螺絲）

③ 扭鬆螺絲，將三條電線拆出

④ 在櫃角不見光的位置鑽孔

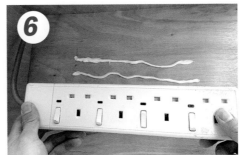

將拖板用玻璃膠黐在櫃背板，或掛上螺絲位

將拖板電線從櫃背穿過孔洞，放在櫃內，重新接駁拖板電線，上螺絲封好才將插蘇插入插座

B. 櫃內藏電掣面

如果不想用拖板，亦可以選擇加電掣面在櫃內，櫃背能緊貼牆身，也更美觀。

🔧 準備工具：螺絲批、尺、Worx萬用寶／鋒鋼鑽咀和夾頭電鑽、加高框、電線剪、一字批、簪玉、電線膠布、電批／十字批

在櫃背開洞

安裝加高框在洞口（直接收螺絲）

將插座掣面以收螺絲的方式安裝在加高框上

拆開牆身電位掣面蓋，將三色電線連接至新插座掣面（方法見第三章第六部份「接駁插蘇」）#*

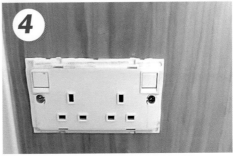

\# 施工前記得通知所有家庭成員，並且盡量一氣呵成，以免家人誤開總掣，造成意外。

* 注意！根據香港電力條例，香港只准持牌人士進行固定電力裝置的維修工作。在維修施工前，必須將電源隔離，並且掛上告示牌，在使用合標準儀器測試電路不再帶電後，方可施工。

問問 裝修佬：

1. 按方法一開孔有甚麼要注意？

答：為預留足夠位置插入插頭，孔洞需要開至電掣面下最少一吋的大小。

2. 如果沒有萬用寶可以怎樣開孔？

答：先在四角鑽大孔，再用手鋸切出正方框。

3. 如何直接收螺絲在傢俬洞口？

答：使用短螺絲和長批咀，會較易施工。

專業指導：

Tenses Limited 室內設計顧問 周耀明先生

延伸知識：

防雷拖板是甚麼？

生活小百科—又用得又睇得嘅防雷拖板

於拖板上使用雙掣位時不能同時左右兩邊取電？

美觀、安全、多功能嘅 EUBIQ 電力軌道

⚙ 第六部份：接駁枱燈

問題

改善生活指數：	📊 📊 📊
困難指數：	🔧 🔧 🔧

想**接駁枱燈**，應該怎樣做？ →

　　要 DIY 一盞枱燈，絕對比想像中容易。你只需把拖板電線的一端簪到一個 13A 插頭上，把另一端簪入一個燈座上，然後自製一個燈罩，便能成事。簪插頭的技巧，同樣可以應用於在外地購買電器後，想轉換香港插頭方便使用，代替常常遺失和阻礙空間的轉插器。

　　注意，更換插頭前，請先確保外地電器可以在香港電壓使用，以及插蘇內的保險絲的規格（A 數）和原本插頭一致。

→接駁插蘇步驟

 準備工具：電線剪、螺絲批

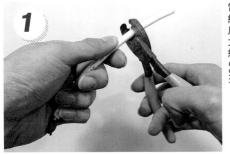

將電線剪的粗切口，輕輕壓入拖板電線，扭半圈，切開電線皮大約 5cm

用「拗」的手法將電線皮徹底剝離

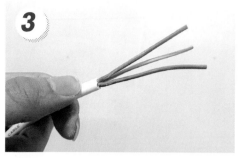

③

確保駁口沒有金屬線外露

④

拆除插蘇中間螺絲，打開蘇頭

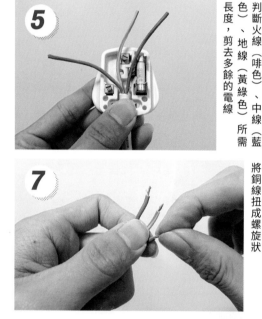

⑤

判斷火線（啡色）、中線（藍色）、地線（黃綠色）所需長度，剪去多餘的電線

⑥

將電線剪的幼切口，切開拖板電線內火線（啡色）、中線（藍色）、地線（黃綠色）電線皮約 5mm，注意不能切斷銅線

⑦

將銅線扭成螺旋狀

⑧

贊入各自的孔，扭緊螺絲。（插頭蓋會有標記，L 是火線、N 是中線、E 是地線）

⑨

施工以盡量看不到銅線為好

→接駁燈座步驟

準備工具：電線剪、螺絲批、
電線膠布

1 用水筆在燈座畫出開孔位置

2 用銼磨走開孔部份

3 在燈座底部鑽入火線及中線（可互換），地線則剪短後以電線膠布包好，然後扭緊螺絲

4 在牛油紙按燈座底部大小畫出形狀，剪下較底部略大的範圍，用雙面膠紙將牛油紙貼在燈座底部

5 裝上燈膽

6 將另一張牛油紙卷起，用雙面膠紙貼在燈座上

7 將插蘇插上插座，成功亮燈即完成

問問 裝修佬：

1. 購買燈座要注意甚麼地方？

答：燈座分為釘頭和螺絲頭，安裝燈泡的方式略有不同（釘頭要按入再旋轉，螺絲頭則只需扭入），因此需要確保燈座與燈泡是相同種類。

2. 拖板電線好像有不同形狀和粗幼，有分別嗎？

答：圓形幼身的相對較靈活和容易切電線皮，盡量不要購買扁平型的拖板電線。

專業指導：

Tenses Limited 室內設計顧問 周耀明先生

延伸知識：

DIY 枱燈後，想燈膽的壽命更長？
問問 Dr 酷 點樣可以延長燈膽嘅壽命呢？

英國電線原來不代表英國製造？
裝修 FAQ─中國製造嘅英國電線有問題嘛？

用久了，電線有破損該如何修補？
生活小百科─如何處理破損的電線

⚙ 第七部份：安裝無線燈掣

將電燈開關智能化

將家中電器智能化，就可以用手機應用程式控制電燈、窗簾、溫度（冷氣）、娛樂（影音電視），亦可裝置連接手機通報的感應器（如光暗、門窗動態等等），增加家居安全和便利。

著名電力產品品牌 Schneider Electric 近年大力發展家居智能產品「Wiser 智能家居系統」，一次設定，便可長久享用，輕鬆簡單操控家居電器。

透過手機應用程式設定，用戶可以設定場景或例行日程，不用每次直接操控，進一步自動化。功能方面，如戶主選用

了漸變燈膽，便可在開關燈以外，進一步調校不同時段的最佳光度。

Schneider Electric—Wiser 智能家居系統

了解更多 Wiser 智能家居系統：
全自動去到邊嘆到邊 智能家居功能點止開燈咁簡單！

商品閱覽

家居智能系統安裝需知

如果你即將裝修，日後有可能安裝家居智能系統，便要留意以下注意事項。雖然部份貼士是針對 Schneider Electric 的「Wiser 智能家居系統」，但亦同樣適用於大部份系統品牌：

1. **掣箱的深度**：由於智能部件有一定體積，掣箱的深度需最少達到吋半才能安裝，否則會涉及額外的換掣箱工程。

2. **距離的設計**：要注意感應器能夠接收訊號的距離，又或者希望智能窗簾、在附近需預留掣面位等等，避免到時需要進行大量改裝。

3. **青線的準備**：青線又叫中線（Neutral），是安裝和智能家居電路佈局的條件。如果電燈電路中沒有拉青線，便不能進行燈掣的遙控了。

在第三章，本書介紹了無線掣面的安裝，其實該掣面亦可以用手機連接 Wi-Fi 進行開關操作。不同的智能操作軟件都有自己的限制，以下訪問了裝修學院的專家顧問：

1. **撇除法例問題，你怎樣看 DIY 智能開關？與專業產品在軟件和硬件方面有甚麼分別？**
答：DIY 智能開關可作為體驗智能家居的入門級產品，而專業產品在三個方面能夠為用家帶來更好的體驗。首先，專業產品連線表現較佳，平價產品有機會容易斷線。再者，專業產品能控制較複雜的電燈組合，平價產品不能同時控制幾組電燈。另外，專業產品的延遲機會較低，這情況在智能控制的窗簾較易看出，平價產品控制不同窗簾上落容易出現延遲，未能同步上落。

2. **智能化後，按掣與電燈開關反應似有延誤，這問題普遍嗎？**
答：普遍會有反應延誤，通常不多於 1 秒。

3. **有些人說將電燈智能化必須有中線，但市面上有些產品不需要中線，為甚麼會有兩個說法？**
答：功率少於 20W 的電器不需要中線，多於 20W 的電器則需要中線，這是市面上的產品有或沒有中線的準則。

專業指導：
Tenses Limited 室內設計顧問 周耀明先生

⚙ 第八部份：安裝門鎖

問題

改善生活指數：⏱ ⏱

困難指數： 🔧

想**安裝門鎖**，應該怎樣做？

→

DIY 維修書，又怎會不教換房門鎖呢？

坊間主要有兩種房門鎖，分別是圓珠鎖和牛角鎖。懂得裝拆圓珠鎖，便必然懂得裝拆牛角鎖。因此本文會集中介紹前者的裝拆方式。至於購買房門鎖的要點，可以參考本文後的插頁。

→**更換圓珠鎖步驟**

 準備工具：一字螺絲批

裝修佬提提你

更換圓珠鎖謹記要開門做，確保如果裝錯都不會反鎖人在房內

1

拍下相片，確認鎖脷方向，作為安裝時的參考，然後從門鎖朝房內方向進行拆卸

2

在鎖頭頸部找到孔洞

將圓珠鎖頭稍微拉出，再鬆開彈簧，便可輕輕將圓珠鎖頭拆去

找到會回彈的部份，用幼細一字螺絲批按下

鬆開螺絲拆下金屬片

將頸位（轉盤）轉出來

建議將舊鎖胲拆下換上新鎖胲，但如果側面的鎖胲沒有損壞，則不需要拆卸螺絲進行更換

抽出門鎖的另一邊結構

確保放入後撐門鎖時鎖胲亦會跟著伸縮（若然沒有跟著伸縮，便要留意是否因為該處與鎖胲之間未有扣緊，可能需要稍微按壓鎖胲做到）

將新的門鎖從房外方向放進去

最後可以對照好位置把圓珠鎖頭裝上去

這個步驟成功後，便可再安裝房內方向的兩顆門鎖螺絲，並裝回轉盤

買房門鎖要注意的三個尺寸

要學換鎖，首先要懂得買鎖。有哪些尺寸需要留意，才可以確保門鎖兼容呢？

第一個是門鎖的圓心到門邊的尺寸，在包裝上可以看見稱為「backset」的尺寸就是了。如果包裝寫明 60mm-70mm，代表這距離必須在這個範圍內。

第二個尺寸是門的厚度，在包裝上通常寫作「thickness」。如果尺寸是35mm-50mm，若然房門的厚度是 55mm，門鎖的頸位便會被覆蓋住，就會按不到孔位拆卸門鎖了。

(註：鎖蓋蓋不住鎖孔邊位的舊瑕疵)

第三個尺寸是最細的門鎖蓋直徑。當拆舊門鎖時，鎖蓋蓋住的位置通常都有一些瑕疵，是你希望覆蓋的。買新鎖的時候需要留意新鎖蓋的大小是否能覆蓋舊有痕跡。

量度完這三個尺寸再買鎖便不會買錯了。

→安裝電子 / 智能門鎖步驟

緊急指數：⏱ ⏱ ⏱ ⏱

困難指數：🔧 🔧

電子 / 智能門鎖並不限於大門使用，在房門使用都有其好處。例如你不想小朋友有機會進入一些危險的房間，就可安裝電子 / 智能門鎖。電子 /

圖為 Lockly 智能房門鎖 (型號：PGD628F)

智能房門鎖和傳統房門鎖是可以互相替換的，安裝一點也不困難。價格最低由一千元左右到功能最完善的三千元左右，門檻並不高。

 準備工具：螺絲批／電批

將鎖刪裝上鎖洞

將長方體的軸芯裝在電子鎖，並穿上鐵線，用鉗將鐵線彎曲以固定軸芯

將電子 / 智能鎖由房外方向放進鎖洞，並將電線穿過鎖洞

在房內方向裝上背板，然後收螺絲

將電線接駁至房內方向的電子／智能鎖零件

收螺絲固定電子／智能鎖

裝上 AA 電池，合上鎖蓋，用較小型的螺絲批收緊螺絲

安裝門框零件，如舊零件適用，可以不更換

按說明書完成設定後便能使用。如要拆除，將步驟 1-7 倒序進行即可

問問 裝修佬:

1. 智能鎖和電子鎖有甚麼分別?

答:智能鎖通常都會與手機應用程式連結,有多項功能,例如設定一次性密碼、儲存門口出入紀錄、開門通報至手機、可用手機遙控開門等等。電子鎖則未有與雲端和網絡連結,功能與機械鎖差異不大。

2. 為甚麼要在家中房間安裝智能鎖?

答:例如家中有工人,但不想工人自由出入存放大量金錢的房間,與其花數千元購買和安裝夾萬,不如安裝智能鎖,將全個房間變成「夾萬房」。

3. 智能鎖程式可以跟大門鎖共用嗎?

答:部份品牌是可以的。以 LOCKLY 智能鎖為例,大門和房門鎖是可以共同程式的,十分方便。

專業指導:
永興盛工程有限公司 項目總監 Sam Yeung

延伸知識:

電子鎖安全成疑?
問問 Dr 酷 電子密碼鎖究竟安唔安全呢?

電子鎖即是智能鎖?
裝修妹話你知—電子鎖是不是智能鎖?

裝修MALL推介

Lockly 智能門鎖
智能家居已是潮流所趨,電子門鎖的多種解鎖方式較傳統門鎖更為便利,同時也有如使用智能手機控制門鎖等不同功能,大大提升家居保安程度。

第四章

美化家居篇

「翻新一下家居吧，
用自己雙手令家的美觀度 up ！」

⚙ 第一部份：轉換牆身顏色

問題?

美化指數：🦋🦋🦋🦋🦋

困難指數：🔧🔧🔧🔧

想**轉換牆身顏色**，應該怎樣做？ →

改變牆身顏色，可以說是很簡單，油掃一拉便成。但也可以說是很繁複，因為如果底材不穩，在上面髹上新油漆，會連同舊油漆一幅幅扯下，絕對是場大惡夢。而如果底材不穩，即使不施工，油漆剝落也是遲早的事，早早處理好，也是個不錯的選擇啊！本文就詳細說明如何將一幅牆徹底治好，同時換個新裝！

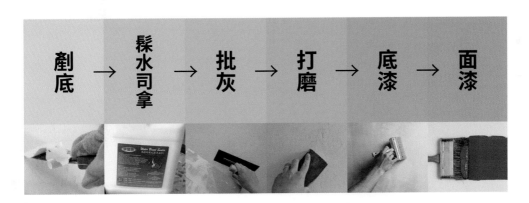

剷底 → 髹水司拿 → 批灰 → 打磨 → 底漆 → 面漆

→第一關：要不要剷底？

翻新牆壁顏色，要不要先剷底，再批灰，才髹油，要判斷牆身的油漆和灰料是否實淨。以下是行外人判斷牆身狀態的三個步驟：

步驟一：考慮牆身年齡，或發展商工程質素口碑

步驟二：留意牆身是否有裂縫，或者撲起的地方

步驟三：在邊角位小範圍嘗試施工，測試會否在油漆風乾時扯下舊油

如果不能過三關，還是建議剷底吧！

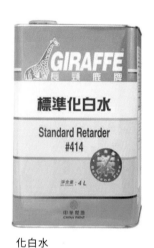

化白水

剷底 Q&A

1. 是否需要用化白水？

答：如果只想修補裂縫或局部剝落，可以不用化白水；如果想整幅牆剷底翻新，用化白水有助徹底將灰料溶解剷走。

2. 使用化白水需注意甚麼？

答：化白水十分臭，對人體有害。即使市面上有一些較環保和低氣味的產品，確保施工地點通風，減少吸入揮發性有機物（VOC），才是王道。

漆剷

剷牆刀

3. 應使用漆剷還是剷牆刀？

答：小範圍的施工可以用漆剷，大範圍一定是用剷牆刀，效率會高很多倍。

→第二關：批灰前後要不要塗水司拿？

剷完底，下一步是批灰，為了讓新灰與舊灰咬得實，必須塗上水司拿的塗層。市面上有其他替代產品，只要是水性都可以考慮，油性產品例如光油，功能一樣，但會釋放 VOC，最好避免。

塗水司拿 Q&A

1. 施工前的牆壁要清潔嗎？

答：要。先用微濕布抹乾淨牆身，將灰塵掃走，再待牆身乾透才施工。

2. 水司拿的施工步驟如何？

答：按包裝指示加水，用一般油掃便可輕易施工，水司拿是透明的，也不需要擔心有掃痕的問題。

3. 甚麼情況下可以不落水司拿？

答：如果施工補灰的範圍很細，亦有做法是直接上灰，省略此步驟。

→第三關：要不要自己撈灰？

	菜膠＋石膏粉	配方各異	菜膠＋福粉
可填補厚度	可達數 cm	一般市面產品：2mm 以下 多樂士裂縫寶：1cm	2mm 以下
乾透速度	15 分鐘	1 小時至數小時	數小時
最佳使用情況	✓ 細範圍深坑 ✓ 相對平滑的牆身 X 容易發霉的牆身	✓ 細範圍深坑（裂縫寶） ✓ 相對平滑的牆身 ✓ 容易發霉的牆身	X 細範圍深坑 ✓ 相對平滑的牆身 X 容易發霉的牆身

批灰的目的，是將剷底後凹凸不平的牆身批成平滑。師傅愛自己撈灰，將菜膠、福粉、光油、白膠漿、石膏粉等混在一起。但菜膠是有機物，防霉比不上膩子灰，而且現成膩子灰的配方穩定、灰料又硬淨，價格亦不貴，建議大家選用。但如果凹坑比較深，多於一般灰料能填補的深度 (2mm)，再多便需要考慮自行撈灰。

→自製石膏灰的步驟

🔧 準備工具：菜膠、石膏粉、灰匙、灰板、漆剷

準備好菜膠和石膏粉

先將菜膠搓勻，再逐步加入石膏粉混和

當混和質感變得像牙膏一樣，便可批上牆身填補深坑

撈灰 Q&A

1. 自行撈石膏灰有甚麼好處和壞處？

答：石膏灰不像福粉撈菜膠那樣對厚度有限制，也沒有風乾時收縮的問題。壞處是撈菜膠始終容易有牆身發霉的問題。

2. 自行撈石膏灰有甚麼要注意的地方？

答：石膏灰大約十分鐘便會乾，要盡快施工。而且石膏灰很堅硬，盡量不要倚賴省砂紙將牆身弄平滑。

3. 有沒有替代產品？

答：多樂士裂縫寶是現成灰料，可以填補每層深達 1cm 的坑洞。它的耐候性強，可用於室內和室外，但容量為 1.75kg 裝，能夠應付一般牆身需要。

→第四關：要不要用砂紙省牆？

批完灰需要用砂紙省牆，一般省牆身會用水砂 220 號，或紅砂 120-150 號。只要你說明用途，五金舖會給你正確的產品。如果工序不涉剷底，亦需要在舊油漆上輕輕省花漆膜，以增加新漆膜對舊牆身的抓著力。

砂紙省牆 Q&A

摺成九等份的砂紙，打開看到摺痕

將砂紙摺起或包著砂紙磚使用

1. 砂紙省牆有甚麼技巧嗎？

答：一般會將砂紙摺成九等份，用四隻手指平均力度來回推動。如果想更穩定，避免手指痕，可以使用砂紙磚，會事半功倍。

2. 省牆需要很大力嗎？

答：不需要很大力。當然也會視乎灰料的種類和平滑度（膩子灰或石膏灰較菜膠灰硬）。

3. 是否每一層都要用砂紙省？

答：可以，但沒有必要。最重要是每次省完砂紙都要除塵（一般會用微濕布或雞毛掃），才進行下層批灰或髹油的施工。

→第五關：要不要上底油？

油漆和灰料之間，要不塗上水司拿，要不塗上底油，才能避免灰漆的剝離。既然都要做，為甚麼不選擇同一油漆品牌的底油，讓灰料和油漆達到最大的兼容性呢？

油漆 Q&A

不同尺寸油掃

多樂士油轆套裝（油轆及漆盤）

1. 油漆應用油掃還是用油轆？

答：油掃瑕疵比較少，油轆比較方便快捷。建議大範圍天花施工用油轆和漆盤；牆身的施工則用 5 吋油掃和膠桶，邊角位用細一點的油掃。

2. 如何避免油出界？

答：使用分色膠紙，或稱和紙。注意分色膠紙與皺紋膠紙不一樣，前者較薄身貼服、黏性適中，油漆不易滲入，牆身灰也不易被黐甩，髹油時使用會事半功倍。

分色膠紙

3. 油漆有特別的技巧嗎？

答：具體施工手法可以參考本章的延伸學習影片。當中溝水比例和選色是很重要的。溝水越少，遮蓋力較強，但掃痕會較明顯。選色方面，建議使用多樂士超過 2000 色的色卡作參考，不一定只從常用顏色中選擇。

多樂士千色扇借用服務

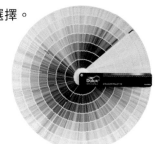

多樂士 Dulux – CP5 千色扇

圖片由多樂士提供

小結

不要被以上「過五關」嚇倒，髹油翻新其實並不困難。如果想縮減施工範圍，亦可以利用分色膠紙，進行局部的翻新。牆壁並不需要一幅牆一隻色。有戶主亦透過撕紙製造出像森林般的效果（見上圖），實在是發揮創意和樂趣的最佳機會呢！

1. 怎樣知道我需要買多少油漆？

答：可以使用裝修 MALL 的物料計算機：

2. 進行「色疊色」的油漆創作（如前者的森林效果）時，有甚麼需要注意的地方？

答：每層油需要油至均勻才撕下分隔顏色的卡紙，否則難以準確貼在同一位置。

專業指導：

永興盛工程有限公司 項目總監 Sam Yeung

延伸知識：

 查看更多髹油貼士

裝修妹話你知——一次過滿足翻新髹油願望

 第一次批灰？看看影片更清晰

安東尼新手上路—新手批灰必學技巧
（批灰工具）

 油漆價錢差幾倍，應如何選擇？

油漆有平有貴，點揀先至好？

批灰怎樣做？

批灰是易學難精的一環，如果你需要全牆剷底翻新，你可以利用裝修學院的「牆身翻新 DIY」電子學習課程，跟師傅學習批灰入門技巧。如果你身處香港，更可以購買實習套裝，直接送到府上讓你在家也能練習。當然，裝修學院的常規 DIY 實體班課程，有師傅手把手從旁教學，學習會更加事半功倍啊。

家居維修 DIY 班

一日學識 50 樣維修及翻新技巧，完成課堂後能真正活用於家居生活中！

課程詳情

翻新牆壁 DIY 網上研習班

實習套裝配以無限重溫電子學習課程，有得玩有得學，全面深入了解牆身翻新技巧！

網上研習影片

影片包含知識篇及技巧篇兩大部份，詳述關於補牆的知識，以及由劏底到批牆灰等施工的正確程序。

網上牆身翻新 DIY 影片截圖

實習套裝

代你搜羅最佳 DIY 工具，節省選購工具的時間，套裝到手即時能點開影片邊學邊做。

課程詳情

如何選擇牆面漆？

牆面漆產品種類繁多，除了顏色選擇之外，外有如抗菌防霉等的額外功能，究竟怎樣才能選得到合適的油漆呢？

	金裝全效油漆	鎖色技術牆面漆	兒童漆
特色優點	防霉能力優秀	顏色顯色度高 繼而能減省施工時間	防污抗菌
價位	低	中	高

多樂士 Dulux –「金裝升級抗甲醛全效」牆面漆 A607

「金裝全效乳膠漆」簡而言之就是集合了很多功能的牆面漆，而它其中一個特點就是它的防霉度極高，如果屋企是較潮濕的話，用金裝全效會是一個性價比高的選擇。

商品閱覽

– 升級加入天然茶樹精華，99.99% 抗菌
– 甲醛分解配方
– 淨味環保
– 高效防霉
– 超級耐洗刷
– 強力防水性能
– 覆蓋細微裂紋
– 持久亮麗

多樂士 Dulux –「臻彩」牆面漆 A600

鎖色技術牆面漆的優點在於顏色。如果要在牆身髹上較鮮艷的乳膠漆顏色，其實用這種有鎖色技術的乳膠漆，只需髹 2 層效果就已經等於其他油漆髹 5-6 層了。

商品閱覽

- 「凝彩」鎖色科技．色彩極致演繹
- 緻密平滑配方．漆膜細緻平滑
- 銀離子 99.99% 抗菌
- 「無添加淨化科技」
- 抗甲醛及其他有害物質
- 全效功能

多樂士 Dulux –「環保兒童漆」 A655

商品閱覽

很多人認為兒童漆最大的重點就是抗甲醛，兒童漆其實特別在另一個額外功能，就是防污抗菌。如果小朋友有機會接觸牆身，牆身本身有抗菌功能令小朋友更加健康，又或是用水筆畫在牆身上後也可以容易清理到。

- 銀離子淨化科技 99.99%抗菌
- 歐美認證，無添加配方
- 高效抗甲醛及 VOC
- 高效防霉，超強抗污、耐洗擦

髹油工具
多樂士 Dulux – 7 吋油轆托盤套裝

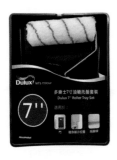

商品閱覽

DIY 髹牆工具同樣重要，市面上有一些髹油工具套裝選購，免卻挑選工具的煩惱。

· 多樂士 7 吋油轆托盤套裝包括 7 吋油轆及 9 吋油盤各一個
· 適用於門及室內較大面積的塗刷，助你的髹漆工程更方便簡易

⚙ 第二部份：自製白板

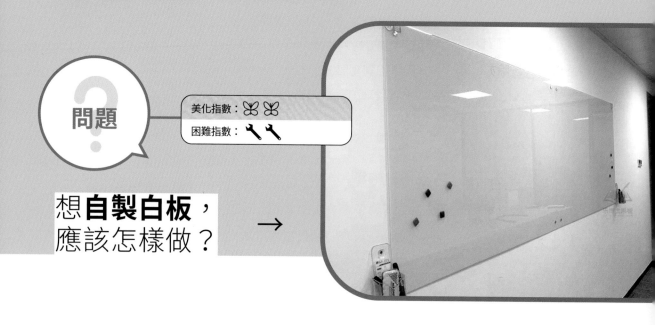

問題

美化指數：🦋🦋
困難指數：🔧🔧

想**自製白板**，應該怎樣做？

→

無論是想小朋發揮創意，還是大人自己做企劃，白板比黑板的好處多著呢！白板不會掉粉、而且容易清理，唯一缺點是難以做到像黑板漆那樣深色啞面的觀感。白板漆是個令人又愛又恨的產品，因為它施工效果不平滑，相比白板會有明顯的瑕疵，但優點是漆體透明，可以保留背後的顏色，因此不少人在乳膠漆或藝術漆上塗上白板漆，增加牆身的功能。

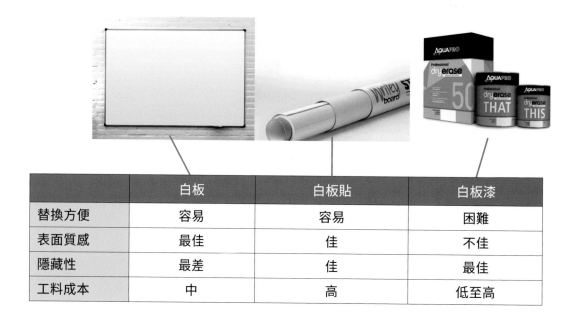

	白板	白板貼	白板漆
替換方便	容易	容易	困難
表面質感	最佳	佳	不佳
隱藏性	最差	佳	最佳
工料成本	中	高	低至高

白板最為人熟悉，缺點是死板，難以融入家居設計，影響觀感。

3M 白板貼質素高，主要優點是可自由剪裁為不規則形狀，能將任何一個平面變為白板，移除亦不困難。但抹白板筆時要小心，避免產生邊位污漬。

白板漆的價格差異頗大，施工並沒有想像中困難，一個套裝連同油轆和漆盤，低至 $500 便可施工 50 平方呎。但由於是塗料，如果想漆牆更耐用，可以比較不同品牌白板漆的硬度選擇，也要注意漆牆的保養方式、避免陽光直射、以及清楚了解起貨後的反光度和平滑度才施工。施工方法及層數則需照該牌子的白板漆的施工方式指引，通常亦會附送油轆。

1. 白板漆有磁力嗎？

答：沒有。「能讓磁石吸附的白板牆」是由「磁性漆」（其實是鐵粉）加上白板漆兩層結構組合而成的。

2. 白板、白板貼、白板漆哪款比較耐用？一般可以使用多久？

答：三者都很視乎質素：不同牌子白板漆的漆膜硬度差異很大，白板和白板貼亦建議選用知名品牌的產品，例如 3M 白板貼，此外，盡量使用品牌專用或高質量的白板筆亦有助延長壽命。最後，避免使用化學劑抹白板，塗層一旦損壞便無法回復。

3. 如果想翻新髹過白板漆牆身，是不是如常剷底批灰髹油即可？

答：是的。因為白板漆始終不如乳膠漆平滑，建議剷走重新批灰髹油。

專業指導：
永興盛工程有限公司 項目總監 Sam Yeung

延伸知識： **白板漆使用步驟知多點**

裝修佬—368AquaPro 專業白板漆的介紹與應用

 有白板漆，小朋友最開心！

368 AQUAPRO 專業白板漆用家心聲—畫室篇

 白板漆師傅都大讚！

368AquaPro 專業白板漆 氣體工程師傅篇

⚙ 第三部份：自製磁力牆

問題

美化指數：🦋 🦋 🦋

困難指數：🔧 🔧 🔧 🔧

想**自製磁力牆**，應該怎樣做？

→

(相片由 J Factory Design 提供)

除了白板牆，或者你想要的是磁力牆？磁力漆是完全不一樣的東西。首先，磁力漆不是帶磁力的牆，而是可被磁石磁著的牆，即是……鐵。可想而知，它有一定的重量，所以並不是甚麼表面都可以塗磁力漆（最基本底材要實淨和平坦）。如果表面不適合，可以考慮磁力牆貼。

以下是磁力漆和磁力牆貼的比較：

	磁力漆	磁力牆貼
施工難度	較高	較低
款式	統一	多變
磁力	低	低
成本	較高 *	較低 *
表面質感	較粗糙（打磨前）	平滑
隱藏性	較高	較低
可施工表面	較少	較多

磁力漆

* 因為牆貼已經包括了三重施工：1）磁力面、2）顏色花紋、3）黑／白板漆層

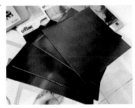

磁力牆貼

→磁力漆的施工步驟

 準備工具：磁力漆、油轆 X2（按層數決定）、漆盤、乾布、保鮮紙

磁力漆的施工應參照產品說明指示，以下為參考步驟：

1 將磁力漆徹底混和

2 倒在漆盤上，將油轆均勻沾上漆油

3 在漆盤來回滾動，釋出多餘油漆

4 將牆面擦乾淨，並確保牆身乾透

5 轆上第一層磁力漆，待乾

6 等待期間可用保鮮紙蓋上油漆

7 再次施工前再次混和油漆

8 更換新油轆繼續施工

問問裝修佬：

1. 是否油多層可增加磁力？

答：漆膜越厚，磁力越強，但即使施工 6、7 層，磁力提升還是有限的。建議按供應商提供的標準層數施工，反而使用更強勁的磁石會更加實際。

2. 磁力漆是否需要打磨？如何打磨？

答：需要打磨。不打磨會令表面粗糙，之後再塗黑或白板漆的話會影響其功能（想像用粉筆在凹凸不平的牆上寫字）。具體打磨方法應向供應商查詢。

3. 磁力漆的具體應用是甚麼？

答：很多人會在磁力漆上塗上乳膠漆或藝術漆，再塗上白板漆，令牆身功能和美觀都達到最佳化。

4. 選購磁力漆或磁力牆貼要注意甚麼？

答：建議購買水性、對人體環保無害的磁力漆。磁力牆貼也要留意是否有高甲醛的問題啊！

專業指導：
永興盛工程有限公司 項目總監 Sam Yeung

⚙ 第四部份：製作特色牆

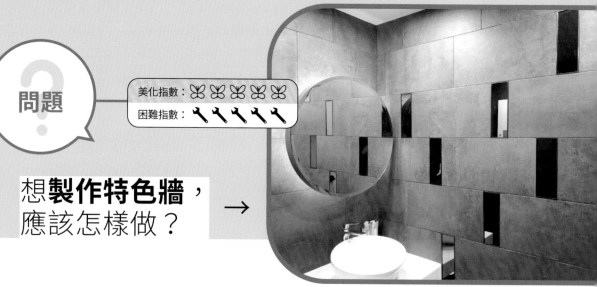

問題

美化指數：🦋 🦋 🦋 🦋 🦋
困難指數：🔧 🔧 🔧 🔧 🔧

想**製作特色牆，**
應該怎樣做？ →

（相片由鴻毅裝修工程有限公司提供）

　　裝修建材不斷推陳出新，製作特色牆越來越簡單，亦越來越能為家居生活帶來增值。比如說：

　　藝術顏料不像油漆那樣容易龜裂、也不像牆紙那樣會披口，更可以將新手的隨意施工化為美麗高貴的石材或金屬花紋；

　　SPC 牆板可用簡單勾刀切割，再用玻璃膠貼上牆，完全不需要危險的專業工具，十分鐘內便能完成雲石紋的特色牆施工；

呼吸磚牆不止帶來美麗的日式紙皮石設計，它的強效淨化空氣、平衡濕度，和吸收異味的功能，完全拋離了類似產品——硅藻土，而且更易施工、也不會有甩粉等問題。

本篇一一介紹。

藝術顏料、SPC牆板、呼吸磚牆的比較：

 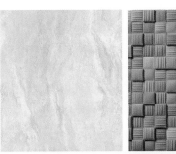 

	藝術顏料	SPC 牆板	呼吸磚牆
美觀度	低至高	中	高
DIY 難度	中	低	低
材料價格	低	中	高 *
功能性	無	無	高
局部牆身施工	部份適合	不適合	適合

* 如果是在現住的單位增添特色牆，在以上三種特色牆之中，筆者最推薦的是呼吸磚牆，因為它可以當作畫作一樣局部施工而不突兀，由於它不需要大幅牆施工才能發揮作用或美感，所以即便它的材料尺價最高，物料成本亦不致太超過。

→藝術顏料的施工步驟

例子：多樂士「臻彩」雲石藝術漆

參考價格：每平方米約 HK$300（3 層施工）

紋理：雲石紋

商品閱覽

上牆圖

近鏡雲石紋

先預備一幅已平滑地批灰和塗上司拿的牆身

用專用藝術顏料批灰匙，將第一層顏料掃上

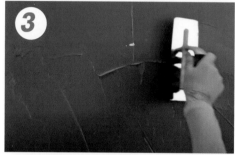

第一層需要厚批，大約使用50%份量的材料

待乾後，用180號砂紙或砂紙磚省出第一層石紋

第二層施工較薄，大約使用30%份量的材料

待乾後，用320號砂紙或砂紙磚省出第二層石紋

第三層施工為拋光，先用餘下的20%材料批牆身至平滑，再在半乾狀態以灰匙用力刮，將石紋打磨光亮

問問裝修佬：

1. 我可以將不同顏色的顏料混和嗎？

答：可以。不過會較難控制紋理效果。建議可以先用未稀釋的水彩顏料在大畫紙上進行嘗試。再判斷是否喜歡自己的藝術作品。

2. 可以用不一樣的手法批出自己喜歡的紋理嗎？

答：絕對可以。官方手法是以製作雲石紋為目的，用家可以自由創作自己喜受的花紋效果。但仍要注意厚度限制，顏料太厚會在風乾過程中龜裂。

3. 市面上不同藝術顏料有甚麼分別？

答：價格成本其實差不多，但效果卻差很遠，選擇前必須比較實體效果。

→SPC牆板的施工步驟

商品閱覽

產品名稱：SPC 牆板／地板

參考價格：每平方米約 HK$600

紋理：雲石紋、木紋、水泥紋等等

準備工具：玻璃膠、鈎刀、收邊條

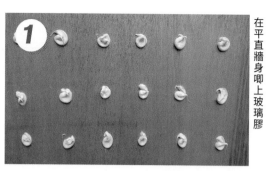

① 在平直牆身唧上玻璃膠

② 將切割好的牆板貼上牆

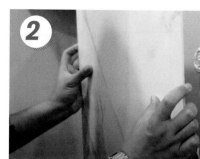

③ 在牆板之間的坑位唧上玻璃膠

④ 卡入收邊條

問問裝修佬：

1. 如何在牆板開孔？

答：用一般夾頭電鑽夾上令梳（ring-saw）鑽咀便可輕易進行鑽孔切割。

2. 牆板可以切割嗎？

答：可以。可使用鈎刀，將牆板切割出坑紋，再「啪斷」牆板便可。如果要切出彎曲的線條，那就需要使用積梳等更高級的工具了。

3. 凹凸角可以怎樣處理？

答：專業人士會使用鑼機（又名修邊機）。一般戶主沒有相關工具，可考慮將兩塊板併合，凸角的 V 形接合位可以灰料或玻璃膠收邊。

4. SPC 牆板也可以鋪地嗎？

答：SPC 地板可以 DIY 鋪在原有地板上，無需拆除原有物料。詳見「更換地板」篇章。

→ 呼吸磚牆的施工步驟

產品名稱：ECOCARAT

參考價格：每平方米約 HK$2,000-2,500

紋理：和式設計

商品閱覽

準備工具：玻璃膠、泡棉雙面膠帶

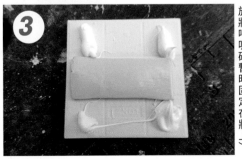

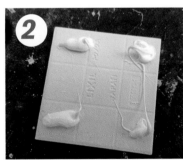

檢查牆身平坦、實淨、無油份水份。如為油漆面，先以漆劑在施工範圍進行剷底

專業人士可以使用專用黏著劑，像泥水鋪磚那樣施作。DIY的手法則是使用玻璃膠和泡棉雙面膠帶施工，先將玻璃膠唧在磚背（見圖）

再在磚背貼上雙面膠帶（用於將呼吸磚暫時固定在牆上）

磚與磚之間不用留縫，也不需要進行填縫

問問 裝修佬：

1. 呼吸磚如何做到平衡濕度和淨化空氣？

答：呼吸磚面有大量細密的孔隙，能夠大幅度地吸濕放濕，做到平衡濕度；孔隙亦能大幅度地吸附有害物質，並透過觸媒科技將它們分解。

2. 為甚麼說呼吸磚比硅藻土強效？

答：吸濕的容量與體積相關，呼吸磚的厚度比硅藻土厚數倍，效果自然是大幅拋離。

3. 呼吸磚吸收甚麼異味？異味到哪兒去了？效果維持多久？

答：垃圾味、煙味、寵物味、洗手間異味。異味不會在吸收飽和後釋出，而會被分解，由於異味被分解，並不是基於吸收飽和，其效果是永久有效的。

4. 如何保養呼吸磚？

答：呼吸磚其實可以看作很輕的瓷磚。建議不要進行很強力的摩擦。如有手垢或污漬，可以使用軟擦膠（不要使用砂膠）輕擦，或用乾淨擰乾之濕布擦拭，如果未能清除污漬，亦可使用稀釋漂白水。

5. 要充份發揮其功能，建議鋪貼的面積是多少？

答：該空間地板面積的 1/4。

6. 如何確保呼吸磚貼上牆身呈水平，不傾斜？

答：可以使用平水尺或先用分色膠紙貼出邊框，站遠距離進行視覺校正。

專業指導：

永興盛工程有限公司 項目總監 Sam Yeung

延伸知識：

美觀耐用，同時又具功能性的特色牆
如何打造美觀又實用嘅特色牆？

香港較常見的特色牆有哪幾款？
裝修妹話你知—看看牆壁多特色—特色牆

藝術漆怎樣才可做得美？
DIY 藝術漆的技巧

⚙ 第五部份：自製格仔櫃

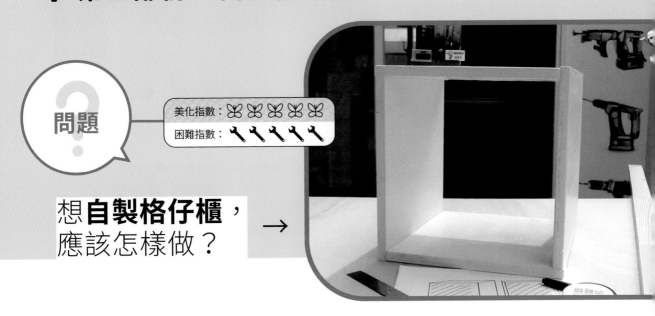

問題

美化指數：🦋 🦋 🦋 🦋 🦋
困難指數：🔧 🔧 🔧 🔧 🔧

想**自製格仔櫃**，
應該怎樣做？ →

　　是時候做一點木工了！想儲物，淘寶購入格仔櫃當然可以，但 DIY 的樂趣和彈性，外人是不會明白的。除了可以自訂尺寸和顏色，亦可以進行各種創意改裝。本文會介紹如何逐步製作一個簡單但專業的格仔櫃，大家可以以此作為基本功，進行各種嘗試啊！

→ 自製格仔櫃步驟

🔧 準備工具：紙、尺、鉛筆、木板、積梳、木夾、木方、木刨、220
號砂紙、400 號水砂紙、現成灰、灰匙、灰板、磁漆、
油掃、分色膠紙、角尺、夾子、螺絲、電批

1 畫出圖紙（例如：1 呎 x1 呎木板 4 塊）

2 用鉛筆在木板上畫出尺寸

3 使用積梳將木板鋸出（按需要利用木夾和木方，確保鋸出直線）

4 用木刨令木邊變得平滑

5 使用砂紙打磨木邊和木面,先以 220 號再以 400 號水砂

6 在木櫃會接觸的邊位批上現成灰,乾後用 220 號砂紙打磨,或者直接上磁漆

7 如需分色,記得在施工兩邊貼上分色膠紙,以免出界

8 利用角尺和木夾,將木板以 90 度角鎖實,鑽入螺絲,砌成正方框

問問裝修佬:

1. 我沒有積梳,可否不自行鋸木料?

答:絕對可以。可於訂木時直接叫木行開出所需尺寸,一般鋸木每刀收費約 $5。但邊位仍需用木刨或砂紙打磨平滑。

2. 如果不想自行鬆油,有沒有更快的方法?

答:購買木料時,可以訂製貼有膠板飾面的木料,但仍需要考慮封邊處理的問題。

3. 如果想圓角處理,應該用甚麼工具?

答:使用木銼(五金店有售)便可。

專業指導:

永興盛工程有限公司 項目總監 Sam Yeung

延伸知識： **影片看更清晰步驟**

裝修東尼示範如何打造一個格仔櫃

 完成後想裝上牆？

安東尼新手上路—如何將層架或格仔櫃裝上牆呢？

⚙ 第六部份：更換地板

問題

美化指數：🦋 🦋 🦋 🦋 🦋

困難指數：🔧 🔧 🔧 🔧

想**更換地板**，應該怎樣做？ →

　　膠地板給人的感覺是廉價、易生瑕疵。但隨著建材科技的進步，現時市面上已經出了較高級、厚達 1cm 的免黏膠地板，耐看耐用之餘，亦非常容易 DIY；此外，SPC 地板亦可以用相同原理進行切割和鋪設。

　　本文會指出鋪膠地板應注意的事項，務求讓大家的 DIY 施工「一氣呵成無翻手」！

→更換膠地板步驟

🔧 準備工具：膠水刮刀、膠水、紙皮／鐵線、鎅刀

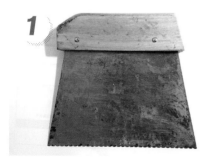

1 使用膠水的話，準備好地板膠水刮刀，將膠水以扇形方式掃在地而不是掃在地板

2 注意第一塊地板的位置，與門口位呈平行或垂直

3 切割膠地板，可以利用紙皮試位（或鐵線圍邊）的方式，將準確尺寸的紙模畫在地板上，用鎅刀切割

問問 裝修佬：

1. 地板膠水是否可隨膠地板購買的？

答：多數可以。五金店也有售。建議使用進口或優質的地板膠水。

2. 膠地板是否可於原有地板上施工，不需要拆走原有地板？

答：只要原地板平整和穩固穩定便可，例如如果原地台有空心磚問題。萬一日後爆開，
也會影響上面的膠地板。

3. 如何預計膠地板所需面積？

答：按地板面積多預 5% 的緩衝。如果斜鋪或空間太不規則，需要預 8%。

4. 溫度冷熱會否影響施工？

答：在天冷施工，不要在天熱施工，如果必須在夏天施工，先以冷氣凍縮地板，避免
日後現罅。

專業指導：

永興盛工程有限公司 項目總監 Sam Yeung

延伸知識：

SPC 地板好處多多？
裝修妹話你知—養寵物必備的 spc 地板

地板太厚要鎅門？
裝修十萬個為甚麼—點解鋪地板有時需要鎅短道門呢？
（鋪地板價錢）

DIY 鋪地板注意事項
裝修十萬個為甚麼—究竟 DIY 鋪地板可行嗎？

《家居維修翻新 50 問》讀者購物優惠

減 HK$100

於裝修 MALL 購買正價 WORX 產品滿 HK$1,000
即減 **HK$100**

（優惠碼：DBWORX100）

條款及細則：

· 此優惠只適用於裝修 MALL 購買指定產品，並輸入指定優惠碼以享優惠
· 此優惠不可與其他優惠及折扣同時使用
· 每個裝修 MALL 帳戶只限於優惠期內享一次優惠
· 優惠期至 2025 年 8 月 31 日（23:59），以裝修 MALL 時間為準
· 此優惠不可兌換現金或其他產品
· 如對此優惠有疑問，請致電（852）5598 6273 或電郵至 mall@hkdecoman.com
  與裝修 MALL 聯絡
· 裝修 MALL 保留隨時更改、取消有關條款及活動之權利，而毋須另行通知
· 如對此優惠活動有任何爭議，裝修 MALL 保留最終決定權

WORX 產品閱覽：

---

95 折

於裝修 MALL 購買正價多樂士產品可享 **95 折**優惠

（優惠碼：DBDULUX5）

條款及細則：

· 此優惠只適用於裝修 MALL 購買指定產品，並輸入指定優惠碼以享優惠
· 此優惠不可與其他優惠及折扣同時使用
· 每個裝修 MALL 帳戶只限於優惠期內享一次優惠
· 優惠期至 2025 年 8 月 31 日（23:59），以裝修 MALL 時間為準
· 此優惠不可兌換現金或其他產品
· 如對此優惠有疑問，請致電（852）5598 6273 或電郵至 mall@hkdecoman.com
  與裝修 MALL 聯絡
· 裝修 MALL 保留隨時更改、取消有關條款及活動之權利，而毋須另行通知
· 如對此優惠活動有任何爭議，裝修 MALL 保留最終決定權

Dulux 產品閱覽：

95折

於裝修 MALL 購買正價施耐德電氣產品可享 **95 折**優惠

（優惠碼：DBSE5）

條款及細則：
- 此優惠只適用於裝修 MALL 購買指定產品，並輸入指定優惠碼以享優惠
- 此優惠不可與其他優惠及折扣同時使用
- 每個裝修 MALL 帳戶只限於優惠期內享一次優惠
- 優惠期至 2025 年 8 月 31 日（23:59），以裝修 MALL 時間為準
- 此優惠不可兌換現金或其他產品
- 如對此優惠有疑問，請致電（852）5598 6273 或電郵至 mall@hkdecoman.com 與裝修 MALL 聯絡
- 裝修 MALL 保留隨時更改、取消有關條款及活動之權利，而毋須另行通知
- 如對此優惠活動有任何爭議，裝修 MALL 保留最終決定權

Schneider Electric 產品閱覽：

95折

於裝修 MALL 購買正價 American Standard 產品可享 **95 折**優惠

（優惠碼：DBAS5）

條款及細則：
- 此優惠只適用於裝修 MALL 購買指定產品，並輸入指定優惠碼以享優惠
- 此優惠不可與其他優惠及折扣同時使用
- 每個裝修 MALL 帳戶只限於優惠期內享一次優惠
- 優惠期至 2025 年 8 月 31 日（23:59），以裝修 MALL 時間為準
- 此優惠不可兌換現金或其他產品
- 如對此優惠有疑問，請致電（852）5598 6273 或電郵至 mall@hkdecoman.com 與裝修 MALL 聯絡
- 裝修 MALL 保留隨時更改、取消有關條款及活動之權利，而毋須另行通知
- 如對此優惠活動有任何爭議，裝修 MALL 保留最終決定權

American Standard 產品閱覽：

想學更多、更深入的 DIY 技巧？裝修學院為大眾提供一系列的 DIY 課程，總有一班適合你！

家居維修 DIY 班十項全能

　　裝修學院皇牌 DIY 課程，已舉辦超過 100 屆，是本港規模最大的 DIY 課程。新手男女皆宜，教授超過 50 樣實用家居維修知識，完成課堂後能真正活用於家居生活中。

DIY 水喉班

　　家中漏水卻不知如何處理？本課程整理出五大常見的水喉／漏水問題，每位學員更可在導師指導下親手進行維修更換實習。

DIY 電氣進階班

　　由持牌電工擔任主導師、智能家居專家擔任助教，讓你一日學會家居電氣知識及鋪電技巧，內容專業實用。

DIY 木器傢俬維修班

木器傢俬人人家中都有，但你又是否知道如何維修 / 翻新櫃身、面板、門鉸、和揀選合適的材料呢？

迷你霓虹冷光線燈牌 DIY 工作坊

想提升家居格調？製作紀念燈飾，與摯愛留住美好一刻？參加冷光線工作坊把五光十色的霓虹招牌帶入家中！學員更可透過課程學習操作 DIY 常用工具。

課程詳情

或 WhatsApp 5418-8169 向裝修學院查詢

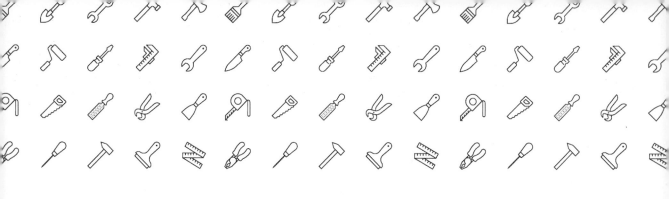

書名：家居維修翻新 50 問

作者：陳以璇、鄧世民

編輯：Angie

設計：4res

出版：紅出版（青森文化）

地址：香港灣仔道 133 號卓凌中心 11 樓

出版計劃查詢電話：(852) 2540 7517

電郵：editor@red-publish.com

網址：http://www.red-publish.com

香港總經銷：聯合新零售（香港）有限公司

台灣總經銷：貿騰發賣股份有限公司

地址：新北市中和區立德街 136 號 6 樓

電話：(866) 2-8227-5988

網址：http://www.namode.com

出版日期：2021 年 7 月

2022 年 3 月（第二版）

2024 年 9 月（第三版）

圖書分類：室內設計

ISBN：978-988-8743-32-2

定價：港幣 118 元正/ 新台幣 470 圓正